RAL · NEU 研究报告　No. 0010

中厚板连续热处理
关键技术研究与应用

轧制技术及连轧自动化国家重点实验室
（东北大学）

U0351234

北　京

冶金工业出版社

2014

内 容 简 介

本书全面介绍了中厚板连续热处理关键技术，主要内容包括中厚板连续固溶炉的脉冲燃烧、加热预测、最优化控制、无结瘤高效节能生产等关键技术，以及高温钢板高强度冷却换热机理、淬火过程板材高冷却速度、高冷却均匀性控制技术和薄规格高强度板材淬火过程的板形控制及较厚规格钢板冷却强度和组织均匀性控制等。

本书可供从事轧钢工艺及冶金自动化工作的工程技术人员、科研人员阅读，也可供高等院校材料成型及自动化专业的师生参考。

图书在版编目(CIP)数据

中厚板连续热处理关键技术研究与应用/轧制技术及连轧自动化国家重点实验室(东北大学)著 . —北京:冶金工业出版社,2014. 12
(RAL·NEU 研究报告)
ISBN 978-7-5024-6790-6

Ⅰ.①中… Ⅱ.①轧… Ⅲ.①中板轧制—连续热处理—研究
②厚板轧制—连续热处理—研究 Ⅳ.①TG335.5

中国版本图书馆 CIP 数据核字(2014) 第 276051 号

出 版 人 谭学余
地 址 北京市东城区嵩祝院北巷 39 号 邮编 100009 电话 (010)64027926
网 址 www. cnmip. com. cn 电子信箱 yjcbs@ cnmip. com. cn
策 划 任静波 责任编辑 卢 敏 美术编辑 彭子赫
版式设计 孙跃红 责任校对 卿文春 责任印制 牛晓波
ISBN 978-7-5024-6790-6
冶金工业出版社出版发行；各地新华书店经销；北京百善印刷厂印刷
2014 年 12 月第 1 版, 2014 年 12 月第 1 次印刷
169mm×239mm; 12 印张; 187 千字; 175 页
46. 00 元
冶金工业出版社 投稿电话 (010)64027932 投稿信箱 tougao@cnmip. com. cn
冶金工业出版社营销中心 电话 (010)64044283 传真 (010)64027893
冶金书店 地址 北京市东四西大街 46 号(100010) 电话 (010)65289081(兼传真)
冶金工业出版社天猫旗舰店 yjgy. tmall. com
(本书如有印装质量问题, 本社营销中心负责退换)

研究项目概述

1. 研究项目背景与立题依据

我国是世界第一产钢大国，目前中厚板年产量已达 7000 余万吨。但与此同时，我国部分高附加值中厚板产品仍依赖进口，其中绝大多数是热处理产品，而中低档次普通中厚板产品过剩严重。在全球绿色经济发展、能源和资源潜在危机的形势下，为了实现钢铁工业的可持续发展，高附加值中厚板产品势必向高强度、耐腐蚀、轻量化、长寿命等方向发展。

工程机械行业广泛应用的低合金耐磨钢和高强度工程机械用钢均需采用调质处理工艺生产。低合金耐磨钢由于合金含量低，综合性能良好，生产灵活方便等优点被广泛应用于工作条件恶劣，要求强度高、耐磨性好的工程、采矿、建筑、农业、水泥、港口、电力以及冶金等机械产品上，如推土机、装载机、挖掘机、自卸车、球磨机及各种矿山机械、抓斗、堆取料机、输料弯曲结构等。据统计，在工业发达国家，每年机械装备及其零件的磨损所造成的经济损失达到国民经济总产值的 4% 左右，而我国每年因磨损造成的损失高达 GDP 的 4.5% 左右，超过 10000 亿元人民币。因此，解决磨损和延长机械设备及其部件的使用寿命一直是工业界人士在设计、制造和使用各种机械设备时所需要考虑的首要问题。2012 年，科技部高品质特殊钢科技发展"十二五"专项规划中明确将工程机械用耐磨钢作为待开发的高品质特殊钢七大关键材料之一，足以体现了我国对耐磨钢铁材料的重视。

高级别结构用调质钢板的应用越来越广泛，受到了科技界和工程界的高度重视，对钢材的强度以及高强度条件下的韧性要求越来越高。由于该类钢的强度极高，韧塑性尤其难以保证，同时，该类钢板制造的结构件大部分以焊接的方式连接，且需要承受复杂多变的周期载荷，因此该类钢材还要求具有良好的焊接性能、较高的疲劳极限和较好的冷成型性。据统计采用液压支架单台使用高强度结构钢 Q960 比 Q690 能够节约钢材 15t，重量减约 20%。因此，研制与开发高级别的结构用调质钢板对于相关装备的减重及提高使用寿命、降低原材料消耗等均具有重要意义。

中厚板连续热处理生产线的设备及工艺因其产品性能、板形平直度的高标准，其研发的学科综合性，涉及热处理工艺与设备、机械设计与制造、金属材料、自动控制及仪表、液压控制等多个学科领域，长期以来，我国都是依赖进口，但进口设备中的辊底式热处理炉的极限热处理温度局限于 1000℃以下，难以适应核电用钢、双相钢等高品质特殊钢产品 1000℃ 以上的高温热处理加热需要。与常规辊底式热处理炉相比，1000℃ 以上的高温辊底式热处理炉由于加热温度高，在烧嘴负荷、炉辊冷却、炉衬结构、炉体密封性等设备设计难度和炉气均匀性、温度精度、炉压等热工过程的控制难度都要增大很多，很难实现高精度加热的需求，因此钢铁行业高温热处理多采用室式高温固溶炉等炉型。但室式炉的生产效率低，燃耗大，自动化程度低，使用寿命较短，难以配置辊式淬火机设备进行连续热处理生产，限制了热处理生产厂产能最大化和高品质热处理钢板的研发。

辊式淬火机是板带材热处理线的核心工艺装备，常规的辊式淬火机（淬火厚度范围为 10 ~ 120mm）及其核心淬火工艺技术被德国 LOI 公司、美国 DREVER 公司、日本 IHI 公司等少数国外公司长期垄断。尽管日本 IHI 公司具备供货能力，但除鞍山厚板厂从日本住友金属和歌山厂以引进二手设备形式获得一套外，日本出于种种考虑，并不向我国大陆钢铁企业提供中厚板辊式淬火设备。而且因美国某公司在国内实际应用效果不佳，德国 LOI 公司已成为 2006 年前我国中厚板企业新上辊式淬火设备的唯一供货商，形成了事实上的技术垄断。而实际上，德国公司、美国公司已垄断国际市场 40 余年，进口设备采用的垄断捆绑供货，价格高昂，供货周期长，已成为我国钢铁企业实现产品结构调整的巨大障碍。

此外，进口设备不具备高品质薄规格板材的生产能力，薄规格低合金高强度板材淬火工艺对淬火过程的冷却均匀性要求极高，淬火过程的板形控制难度很大，是公认的国际性难题。之前仅有瑞典等国外一两家企业能够实现薄规格调质钢板的批量供货，但产品供货周期长，价格极其昂贵，生产技术完全保密，处于垄断地位，极大地阻碍了热处理行业的整体发展，严重制约了重大装备制造国产化进程。因此，开发满足极限薄规格高强钢板均匀性淬火需求的辊式淬火机装备及工艺技术，是科技自主创新，实现热处理高端产品国产化的根本途径。以华菱集团湘潭钢铁公司为例，2008 年年底该公司从国外某公司高价引进 3800mm 辊式淬火机设备，并完成了厚度大于 12mm 的板材淬火工艺调试。但在后续的实际生产过程中，该进口设备仅能满足厚度规格 16mm 以上板材的连续稳定淬火生产，已无法满足公司薄规格高等级调质板的工艺开发和产品升级的需要。

因此，打破国外垄断，自主研制大型中厚板热处理线关键装备、技术及高等级热处理产品已迫在眉睫。同样，只有自主研制才能有效提高中厚板热处理装备国产化水平，拓宽中厚板热处理规格及品种生产范围，提高产品质量，满足快速发展的国民经济建设需要。

2. 研究进展与成果

本项目自主开发的首套国产化辊式淬火机装备于 2006 年成功在太钢投产，目前已推广至宝钢、太钢、新钢、南钢等 13 条中厚钢板大型现代化热处理线（含改造湘钢进口设备 1 套），国内市场占有率升至 44%，基于国产化装备生产的薄规格中厚钢板产品、高等级不锈钢中厚钢板固溶处理产品均占全国产量的 70% ~ 80%。在国内高端淬火装备国际竞标中，凭借技术优势，中标率由零提高到 60%。同时，基于研发的辊式淬火装备技术，项目组在宝钢特钢成功开发出国产首条大型现代化辊底式固溶热处理线，并推广至酒钢，为国内中厚板行业装备升级和产业结构调整奠定了坚实基础。

研究开发的高端品种板已成功应用到国家战略石油天然气储备、核电水电主装备、大型工程/矿用机械、大型特殊用途船舶及海工装备等国家重点工程项目，以及中国石油、中国石化、中海油、三一重工、中联重科、北方重工、张煤机、郑煤机等行业骨干企业，并批量出口到英国、西班牙、澳大利亚等十余个国家，应用到美国 Caterpillar（全球最大工程机械供应商）、瑞士 CVACEROSAG（全球最大特殊钢材采购商）等著名公司产品上。

　　研究项目的完成解决了长期以来制约我国高端中厚钢板热处理生产技术及装备的难题，突破了进口同类装备生产钢板的厚度下限，使我国成为除瑞典 SSAB 外掌握 4～10mm 极限薄规格高强调质钢板生产技术的国家。以殷瑞钰院士、左铁镛院士等组成的鉴定委员会认为：本项目成果"突破了国内外板材淬火厚度下极限，实现 4～10mm 极限薄规格钢板批量化生产，优于国外进口先进设备生产的实物水平"，"整体上达到了国际先进水平，完全可以替代进口"，部分产品及其生产工艺"具有首创性，总体上达到国际领先水平"。相关成果被《世界金属导报》列为 2013 年世界钢铁工业十大技术要闻之一。

　　项目成果获行业和省级一等奖 4 项、国家重点新产品 3 项、发明专利 10 项、软件著作权 3 项，在国内外学术期刊发表论文 20 多篇。项目的完成，填补了多项国内空白，打破了国外垄断，提升了我国高端热处理产品的技术水平和生产能力；有力地支撑了我国大型工程机械装备、能源战略储备、国防军工等行业的发展，经济和社会效益显著。

3. 论文与专利

论文：

　　(1) 王国栋，刘相华，等．我国中厚板行业如何直面 WTO[J]．轧钢，2002，19(2)：3～5.

　　(2) 王国栋，刘相华．日本中厚板生产技术的发展和现状（二）——随中国金属学会代表团访问日本观感之二[J]．轧钢，2007，24(3)：1～5.

　　(3) 王国栋．认清形势，自主创新，调整结构，保持增长——论轧钢行业 2009 年的任务[J]．轧钢，2009，26(1)：1～5.

　　(4) 王昭东，曲锦波．松弛法研究微合金钢碳氮化物的应变诱导析出行为[J]．金属学报，2000，36(6)：618～621.

　　(5) 王昭东，邓想涛，曹艺，等．新型低成本超高强低合金耐磨钢研究及其工业化应用[J]．钢铁，2010：61～64.

　　(6) 袁国，韩毅，王超，等．中厚板辊式淬火机淬火过程的冷却机理[J]．材料热处理学报，2010：148～152.

（7）袁国，王国栋，王黎筠，等. 中厚板辊式淬火机淬火过程的温度场分析[J]. 东北大学学报（自然科学版），2010，31(4)：527～530.

（8）Li Yong, Li Jiadong, Liu Yujia, et al. Analysis and optimization of heat loss for water-cooled furnace roller[J]. Journal of Central South University of Technology, 2013, 20(8): 2158～2164.

（9）李勇，曹世海，王昭东，等. 中厚板特殊钢热处理线的新发展和新技术[J]. 冶金设备，2013(5)：40～48.

（10）李家栋，李勇，王昭东，等. 中厚板加热过程在线控制应用软件的开发[J]. 东北大学学报（自然科学版），2010：1108～1112.

（11）李家栋，王昭东，李勇，等. 辊底式高温固溶炉在线数学模型的开发及应用[J]. 钢铁，2011，46(2)：86～90.

（12）Li Jiadong, Wang Zhaodong, Li Yong, Luo Zheng, Wang Guodong. Application of the pulse combustion control in the roller hearth heat-treatment furnace［C］. Proceedings of the Fourth Baosteel Biennial Academic Conference, Shanghai, 2010, K96～K99.

（13）Li Jiadong, Li Yong, Zhao Dadong, Fu Tianliang, Wang Zhaodong, Wang Guodong. Research of the optimal heating in heat-treatment process based on grey asynchronous particle swarm optimization［J］. Journal of Iron and Steel Research（International），2012，19(12)：1～7.

（14）付天亮，李勇，王昆，等. 冷却方式对特厚钢板淬火温度均匀性的影响[J]. 东北大学学报（自然科学版），2013(11)：1575～1579.

（15）付天亮，王昭东，李勇，等. 中厚板淬火热弹性马氏体相变潜热模型[J]. 东北大学学报（自然科学版），2013(12)：1734～1738.

（16）付天亮，李远明，李勇，等. 中厚板辊式淬火机 Fuzzy-PID 喷水控制系统研究[J]. 轧钢，2012，29(3)：46～50.

（17）付天亮，袁国，王昭东，等. 修正淬火系数法预测中低碳钢淬透性及其应用[J]. 钢铁研究学报，2009，21(4)：47～51.

（18）付天亮，赵大东，王昭东，等. 中厚板 UFC-ACC 过程控制系统的建立及冷却策略的制定[J]. 轧钢，2009，26(3)：1～6.

（19）付天亮，王昭东，袁国，等. 临钢淬火机过程控制系统的开发及应用[J]. 冶金自动化, 2008, 32(2): 38~42.

（20）Fu Tianliang, Wang Riqing, Wang Zhaodong, et al. Construction and application of quenching critical cooling rate model[J]. Journal of Iron and Steel Research International, 2010, 17(3): 40~45.

（21）Wang Chao, Wang Zhaodong, Han Yi, Deng Xiangtao, Wang Guodong. Study of uniform quenching technology of NM450 wear-resistant steel[J]. Revue de Métallurgie, 2013, 110(5): 331~339.

（22）Wang Chao, Wang Zhaodong, Yuan Guo, et al. Heat transfer during quenching by plate roller quenching machine[J], Journal of Iron and Steel Research International, 2013, 20(5): 1~5.

（23）Wang Chao, Li Jiadong, Yuan Guo, Wang Zhaodong, Wang Guodong. Prediction of microstructure and mechanical properties of plate in roller quenching [J]. Advanced Materials Research, 2011(328~330): 462~465.

（24）王超, 袁国, 王昭东, 等. XGCF62 钢板辊式淬火工艺开发与应用 [J]. 东北大学学报（自然科学版）, 2011(7): 968~971.

（25）王超, 王昭东, 李广阔, 等. 超宽狭缝式喷嘴流场数值模拟和射流速度凸度控制[J], 轧钢, 2013(2): 6~9.

（26）Wang Chao, Wang Zhaodong, Yuan Guo, Wang Guodong. Development of equipment and technology in plate quenching line [C]. 第二届亚洲钢铁大会论文集. 北京: 冶金工业出版社, 2012: 6~17.

（27）王超, 袁国, 王昭东, 等. 薄规格板材辊式淬火机装备及工艺技术开发[C]. 第八届中国钢铁年会论文集. 北京: 冶金工业出版社, 2011: 6~17.

（28）王超. 华菱涟钢实现国内最薄规格辊式淬火板连续稳定生产[N]. 世界金属导报, 2011(20): 6.

专利:

（1）王昭东, 袁国, 王国栋, 王黎筠, 韩毅, 徐义波. 一种可形成高密度喷射流的冷却装置及制造方法, 2012, 中国, ZL201110191865.7。

（2）王昭东, 袁国, 邓想涛, 李勇, 田勇, 王国栋. 高韧性超高强度耐磨钢板及其生产方法，2010，中国，ZL201010200002.7。

（3）王昭东，袁国，付天亮，王黎筠，王国栋，韩毅，李勇．一种薄规格中厚板离线热处理汽雾冷却系统，2012，中国，ZL201110388052.7。

（4）王国栋，王昭东，王黎筠，袁国，田勇，李勇，付天亮，韩毅．一种中厚板热处理强风冷却系统，2012，中国，ZL201110419299.0。

（5）袁国，王昭东，王国栋，王黎筠，李海军，韩毅，徐义波．一种产生扁平射流的冷却装置及制造方法，2012，中国，ZL201110191884.X。

（6）李勇，王昭东，袁国，韩毅，王国栋，王超．一种用于中厚板辊式淬火过程的温度在线测量装置，2012，中国，ZL201110388020.7。

（7）李勇，付天亮，王昭东，袁国，王国栋，韩毅，田勇．一种中厚板辊式淬火机自动控制系统，2012，中国，ZL201110388062.0。

（8）付天亮，王昭东，袁国，王国栋，李勇，韩毅．一种中厚板淬火工艺的控制方法，中国，ZL201110388064.X。

（9）王昭东，王超，韩毅，袁国，王国栋．一种喷水装置宽向流量均匀性在线测量装置，ZL201210108835.X。

（10）张福波，王贵桥，王昭东，袁国，韩毅，吴迪，张殿华．一种实现辊式淬火机液压多缸高精度同步控制系统，ZL200810012695.X。

（11）软件著作权．中厚板辊式淬火机模型控制系统，2013SR070045。

（12）软件著作权．中厚板辊式淬火机过程控制系统，2013SR069330。

（13）软件著作权．过程通讯中间件平台软件，2012SR007201。

4. 项目完成人员

主要完成人员	职　称	单　位
王国栋	教　授	东北大学 RAL 国家重点实验室
王昭东	教　授	东北大学 RAL 国家重点实验室
袁　国	副教授	东北大学 RAL 国家重点实验室
李　勇	讲　师	东北大学 RAL 国家重点实验室
韩　毅	工程师	东北大学 RAL 国家重点实验室
付天亮	讲　师	东北大学 RAL 国家重点实验室
李家栋	讲　师	东北大学 RAL 国家重点实验室

主要完成人员	职 称	单 位
王 超	博士后	东北大学 RAL 国家重点实验室
邓想涛	博 士	东北大学 RAL 国家重点实验室
王黎筠	高级工程师	东北大学 RAL 国家重点实验室
高俊国	高级工程师	东北大学 RAL 国家重点实验室
张福波	副教授	东北大学 RAL 国家重点实验室
赵大东	博 士	东北大学 RAL 国家重点实验室
张志福	工程师	东北大学 RAL 国家重点实验室
徐义波	工程师	东北大学 RAL 国家重点实验室
郑明军	工程师	东北大学 RAL 国家重点实验室
宋国智	工程师	东北大学 RAL 国家重点实验室
曲武广	工程师	东北大学 RAL 国家重点实验室

5. 报告执笔人

李勇、王超、李家栋、付天亮、邓想涛、王昭东、王国栋。

6. 致谢

中厚板连续热处理关键技术的研究、开发与应用，至今已近 10 年时间。王国栋院士早在 10 年前就提出高品质、高附加值中厚板关键工艺、技术和装备研究的必要性和急迫性，在王国栋院士远见卓识的指引下，王昭东老师带领课题研究团队不断克服研究过程中遇到的各类难题，相继攻克淬火过程板材高冷却速度、高冷却均匀性控制技术、薄规格高强度中厚板淬火过程的板形控制以及较厚规格钢板冷却强度和组织均匀性控制技术及中厚板连续固溶炉的脉冲燃烧、加热预测、最优化控制、无结瘤高效节能生产等关键技术，研发出中厚板系列多功能辊式连续淬火机、大型特殊钢板材高温无结瘤辊底式固溶炉装备和工艺控制系统。课题实施期间，实验室领导的关心、指导和帮助，为研究工作提供了很大的支持。实验室多位老师、研究生和工程师的勇于奉献、艰苦工作和尽职尽责的科研精神为课题取得不断突破和工程项目顺利实施提供了有效保障。

感谢本钢集团、宝钢特钢事业部、酒钢不锈钢集团、南钢中厚板卷厂、宝钢罗泾厚板厂、新钢宽厚板厂及湘钢宽厚板厂等企业的各位相关技术人员对本报告提供的数据及建议。

本研究报告的顺利完成，得益于来自东北大学轧制技术及连轧自动化国家重点实验室热处理课题组全体成员的辛勤投入以及各合作单位的有利支持。

值此报告付梓之际，再次对所有为自主创新研发中厚板连续热处理技术做出贡献的单位和个人表示诚挚的感谢！

目　录

摘要 ……………………………………………………………… 1

1 研究背景及意义 ………………………………………………… 3

1.1 研究背景及研究必要性 …………………………………… 3

1.2 中厚板热处理生产工艺要素 ……………………………… 5

1.3 中厚板热处理加热装备技术概况 ………………………… 6

1.3.1 热处理炉特点 ………………………………………… 6

1.3.2 热处理炉分类 ………………………………………… 7

1.4 中厚板淬火技术的发展历史 ……………………………… 10

1.4.1 在线热处理技术 ……………………………………… 11

1.4.2 离线热处理技术 ……………………………………… 13

2 中厚板连续热处理工艺和品种的研发 ……………………… 19

2.1 低成本工程机械用高强度耐磨钢板开发 ………………… 19

2.2 高强度结构用调质钢板开发 ……………………………… 23

2.3 高品质不锈钢热处理工艺及品种开发 …………………… 24

3 大型特殊钢板材高温辊底式固溶炉关键技术研发与应用 … 26

3.1 特殊钢热处理技术原理及要求 …………………………… 26

3.2 高温固溶炉脉冲燃烧的时序控制 ………………………… 28

3.2.1 脉冲燃烧控制原理 …………………………………… 28

3.2.2 脉冲燃烧的时序控制模型研究 ……………………… 33

3.2.3 脉冲燃烧时序控制的稳态温度偏差分析 …………… 37

3.2.4 新型复合式脉冲燃烧时序控制模型建立 …………… 41

3.2.5 脉冲燃烧时序控制模型的测试及应用 …………………… 44

3.3 基于总括热吸收率法的钢板加热模型 …………………………… 50

3.3.1 炉膛内热交换分析 …………………………………… 51

3.3.2 总括热吸收率的实验研究 …………………………… 54

3.3.3 炉膛温度计算模型 …………………………………… 59

3.3.4 基于总括热吸收率法的钢板加热模型的建立 ……… 59

3.3.5 钢板加热模型的验证及应用 ………………………… 62

3.4 中厚板热处理加热过程的优化 …………………………………… 64

3.4.1 稳态加热过程的优化目标分析 ……………………… 64

3.4.2 基于灰色异步粒子群算法的稳态加热优化 ………… 67

3.4.3 热处理加热优化模型的应用 ………………………… 75

3.5 辊底炉炉辊的改进及热损分析和控制优化 ……………………… 76

3.5.1 辊底炉存在的问题及解决方法 ……………………… 76

3.5.2 炉辊传热计算模型 …………………………………… 78

3.5.3 热损失分析和优化控制 ……………………………… 83

3.5.4 现场使用情况 ………………………………………… 86

3.6 中厚板高温固溶炉控制系统的开发 ……………………………… 86

3.6.1 高温固溶炉控制系统构成 …………………………… 87

3.6.2 高温固溶炉自动加热功能的设计 …………………… 88

3.6.3 钢板加热过程优化控制系统的设计 ………………… 95

3.7 中厚板高温固溶加热技术的应用 ………………………………… 104

3.7.1 高温固溶炉工艺技术概况 …………………………… 104

3.7.2 热工模型及控制系统的实际应用效果 ……………… 107

4 中厚板均匀化辊式淬火技术及装备的研发与应用 ……………… 113

4.1 辊式淬火技术的控制要素及研究综述 …………………………… 113

4.1.1 辊式淬火技术核心工艺要素 ………………………… 113

4.1.2 中厚板辊式淬火关键技术研究综述 ………………… 114

4.2 具有高冷却强度及冷却均匀性的淬火系统喷嘴优化设计 ……… 117

4.2.1 高温钢板水冷过程的局部换热区描述 ……………… 117

4.2.2　淬火喷水系统的结构设计 ……………………………… 118

4.2.3　缝隙喷嘴射流流场的有限元模拟 ………………………… 125

4.3　高效淬火工艺换热过程研究分析 …………………………… 129

4.3.1　钢板辊式淬火过程换热机理 ……………………………… 130

4.3.2　淬火时表面综合换热系数的求解原理 …………………… 131

4.3.3　逆求解法计算淬火时表面综合换热系数 ………………… 131

4.3.4　基于工业生产实际的钢板辊式淬火实验 ………………… 133

4.3.5　表面综合换热系数计算结果 ……………………………… 138

4.4　薄规格板材均匀化辊式淬火技术及变形控制策略 ………… 139

4.4.1　薄规格板材均匀性冷却过程的关键影响因素 …………… 139

4.4.2　薄规格钢板辊式淬火过程变形数值模拟 ………………… 143

4.4.3　薄规格板材淬火变形的实验结果及其分析 ……………… 146

4.4.4　薄规格板材淬火过程变形控制策略 ……………………… 149

4.5　辊式淬火机工艺自动控制系统的开发 ……………………… 153

4.5.1　基础自动化控制系统 ……………………………………… 153

4.5.2　人机界面功能 ……………………………………………… 155

4.5.3　工艺过程自动化控制系统 ………………………………… 155

4.6　中厚板辊式淬火技术的现场应用 …………………………… 161

4.6.1　中厚板辊式淬火机设备技术参数 ………………………… 161

4.6.2　淬火钢板品种及规格 ……………………………………… 162

4.6.3　淬火后钢板性能指标 ……………………………………… 163

4.6.4　淬火后钢板板形控制结果平直度 ………………………… 167

参考文献 ……………………………………………………………… 170

摘　　要

　　本书以中厚板连续热处理线关键装备及工艺技术研发项目为背景，以特殊钢板材连续热处理、极限规格板带材淬火为研究对象，对高等级中厚板热处理工艺技术及产品、大型特殊钢板材热处理核心装备技术、高品质极限规格辊式淬火技术及多功能辊式淬火机进行了研究，开发了相应的关键装备及工艺技术，现场应用取得了良好效果。研究内容和主要成果如下：

　　研究分析了中厚板离线热处理工艺的技术优势，介绍了本项目研究开发的高附加值调质钢板，包括低成本工程机械用高强度耐磨钢、高强度结构用调质钢和高品质不锈钢等。

　　以特殊钢板材热处理线为研究对象，分析了现代化大型特殊钢板材连续生产线的需求。针对热处理中的燃烧、加热及表面质量控制等关键技术问题进行研究，建立了中厚板热处理涉及的脉冲燃烧、加热预测、最优化控制、无结瘤生产等全体系控制技术，开发了一键式全自动固溶炉控制系统，在自主研制的现代化大型特殊钢板材连续热处理生产线上实现了高效节能、精确均匀加热。在此基础上，结合自主开发的多功能辊式淬火机及均匀化淬火技术，开发出系列奥氏体不锈钢、双相不锈钢新产品，稳定实现 $4 \sim 70\mathrm{mm}$ 厚不锈钢板连续生产。

　　本研究阐明了高温钢板高强度冷却换热机理，利用有限元数值模拟及实验室中试平台，开发出系列多功能射流喷嘴，解决了淬火过程板材高冷却速度、高冷却均匀性等难题。系统进行了影响薄规格板材均匀淬火的因素分析、对钢板辊式淬火过程及形变位移量的模拟计算以及工业试验分析，提出基于对称性冷却技术及淬火参数高精度控制技术的淬火过程薄板板形控制策略。解决了薄规格高强度钢板淬火过程的板形控制以及较厚规格钢板冷却强度和组织均匀性控制等难题，开发出 4~10mm 极限薄规格钢板的高平直度淬火工艺，突破了国外的长期技术封锁。

　　关键词：中厚板；脉冲燃烧；最优化加热；无结瘤加热；辊式淬火；淬火应力场；板形；有限元分析

1 研究背景及意义

1.1 研究背景及研究必要性

从20世纪80年代开始，我国中厚板生产技术装备及生产工艺得到了迅速发展[1~8]，中厚板产量得到大幅度提高，2012年我国中厚板生产能力已达7000万吨。但是数量众多的中厚板轧制生产线，加上技术水平层次不一的产品研发能力，导致目前国内普通中厚板产品，尤其是低档次的普通中厚板产品趋向饱和，甚至过剩。而国民经济发展和建设所需的很大一部分高等级中厚板产品，如高强度舰船用板、桥梁板、压力容器板、管线用板等专用板、品种板等产品与未来需求相比仍有一定差距[9~12]。"十二五"期间，我国中厚板行业将进入转变发展方式的关键阶段，既面临资源价格上涨，需求增速放缓、环境压力增大的挑战，又面临行业结构调整、转型升级的发展机遇，产品同质化竞争加剧，行业将呈现低增长、低盈利的运行态势[13,14]。与此同时，随着我国"十二五"规划和产业转型升级换代等战略规划的实施，国家将海洋、交通运输、能源和重大装备等领域作为我国发展战略重点，其中高端的装备制造业（工程机械行业）将得到极大的发展，其中所用钢板材料都向提高工程机械的能力和效率，延长使用寿命，减轻设备自重，降低能耗和原材料消耗的方向发展，因而对工程机械用高强钢和耐磨钢等提出了更高的要求，这也成为我国中厚板行业发展的重要战略机遇。因此，在全球绿色经济发展、能源和资源潜在危机的形势下，为了实现钢铁工业的可持续发展，高附加值中厚板产品势必向高强度、耐腐蚀、轻量化、长寿命等方向发展。

目前在中厚板的生产中，控制轧制和控制冷却技术（TMCP）已得到普遍应用，并在管线钢、高强度结构钢、海洋平台用钢、造船板等的生产中发挥了积极作用，大大提高了钢板的综合性能，节约了宝贵的合金元素。但是，TMCP处理的钢板性能离散度较大，而且一些钢种要求很苛刻的临界轧制[15,16]。因此，对于性能均匀性和强度等级要求较高的低温压力容器钢板、桥梁钢板、工程机械用钢板、耐磨钢板、高层建筑钢板等仍需通过正火、调质等手段来改善组织分布，利用强韧化机制提高综合力学性能和加工性能，实现成分减量化。

轧后离线热处理是生产高性能和高附加值钢板的重要技术手段，是研发高端产品不可或缺的工艺技术。现代化的高质量、高控制水平中厚板离线热处理生产装备对于钢铁企业提高产品档次、保证产品性能均匀稳定、提高市场竞争力是不可缺少的。国外厂家，特别是日本、德国的厂家都早已配备有完善的离线热处理设施，如 JFE、迪林根等。国内中厚板钢铁企业对离线热处理设备的关注较晚，但近几年发展迅速，引进了多条中低温热处理生产线，主要用于碳钢热处理。

国内引进生产线中的辊底式热处理炉极限炉温一般小于1000℃，难以适应核电用钢和双相不锈钢等高品质特殊钢高温热处理的需要。1000℃以上的高温辊底式热处理炉由于温度高，不仅设备设计难度加大，而且实现高精度、自动化加热也更困难。因此，传统的高温热处理多采用室式高温固溶炉炉型。这种炉型在正火处理中发挥了重要作用，但它无法快速出炉进行淬火处理，难以配置淬火机设备。这限制了热处理生产厂产能最大化，难以满足高品质热处理钢板研发的需求。因此，开发出具有自主知识产权的辊底式高温固溶炉装备和相应的热工过程控制技术是解决这一难题的根本途径。

辊式淬火机是钢铁行业中厚板现代化大型离线热处理线的核心装备，主要用于舰艇板、军工板、储罐压力容器板、工程机械用板、桥梁用板等高强度高附加值调质碳素钢淬火处理和核电等高等级奥氏体不锈钢固溶处理以及系列双相不锈钢的热处理。相比其他板材淬火设备，辊式淬火机具有冷却强度大、淬火钢板表面硬度均匀、能以极高的冷速将钢板冷却至室温、钢板长度不受机架限制等优点，是高端中厚板热处理线的首选淬火设备。

中厚板淬火工艺复杂，淬火过程控制难度很大。常规中厚板辊式淬火机（淬火厚度范围为 10~120mm）及其核心淬火工艺技术被德国 LOI 公司、美国 DREVER 公司、日本 IHI 公司等少数国外公司长期垄断。尽管日本 IHI 公司具备供货能力，但除鞍山厚板厂从日本住友金属和歌山厂以引进二手设备形式获得一套外，日本出于种种考虑，并不向我国大陆钢铁企业提供中厚板

辊式淬火设备。而且因美国某公司的淬火机在国内实际应用效果不佳，德国
LOI 公司已成为 2006 年前我国中厚板企业新上辊式淬火设备的唯一供货商，
形成了事实上的技术垄断。而实际上，德国和美国公司的淬火机已垄断国际
市场 40 余年，进口设备采用的垄断捆绑供货，价格高昂，供货周期长，已成
为我国中厚板企业实现产品结构调整的巨大障碍。

此外，进口设备不具备高品质薄规格板材的生产能力，而薄规格中厚板
辊式淬火机（淬火厚度范围为 4 ~ 10mm）及其核心生产工艺技术更是被瑞典
SSAB 独家垄断，该公司只高价出售成品板，对其核心的薄板淬火工艺技术严
格保密，致使国内急需的薄规格淬火成品板生产技术"一价难求"，产品完
全依赖进口，极大地阻碍了热处理行业的整体发展，严重制约了重大装备制
造国产化进程。以华菱集团湘潭钢铁公司为例，2008 年年底该公司从国外某
公司高价引进 3800mm 辊式淬火机设备，并完成了厚度大于 12mm 的板材淬
火工艺调试。但在后续的实际生产过程中，该进口设备仅能满足厚度规格
16mm 以上板材的连续稳定淬火生产，已无法满足公司薄规格高等级调质板
的工艺开发和产品升级的需要。

因此，打破国外垄断，自主研制大型中厚板辊式淬火机装备及关键共性
淬火工艺技术已迫在眉睫。也只有这样才能有效提高中厚板热处理装备国产
化水平，拓宽中厚板热处理规格及品种生产范围，提高产品质量，满足快速
发展的国民经济建设需要。

1.2 中厚板热处理生产工艺要素

钢板热处理是将板材放在一定介质中加热、保温和冷却，通过改变板材
表层的化学成分、表面或内部显微组织的结构来改变其性能的热加工工艺。
根据中厚钢板热处理的加热、冷却方法及获得的组织和性能的不同，其热处
理可分为淬火、正火、回火、退火等处理方式。对于不锈钢板，还包括固溶
处理等方式。

热处理工艺可分为 3 个阶段，5 个要素。3 个阶段分别为加热、保温和冷
却，5 个要素分别是加热介质、加热速度、保温温度、保温时间和冷却速度。

（1）加热介质：在高温下加热介质可能与钢板表面发生化学反应而改变
表层成分。在氧化性（如空气）介质中进行加热使钢板表面发生氧化，对钢

铁材料还会发生脱碳使表层含碳量降低。在特定的介质中加热，可以使钢板表面渗入特定的合金元素，如渗碳或渗氮。常规中厚钢板热处理，应保持表面的光洁，表面尽可能的少氧化与脱碳，因此加热过程要严格控制炉内加热介质成分。

（2）加热速度：加热速度影响加热时的热应力、组织应力和相变过程。例如对钢板进行快速加热得到奥氏体晶粒比慢速加热时得到奥氏体晶粒更细小。但加热速度越大，钢板表面温度和心部温度差越大，导致出现大的热应力和组织应力。因此加热优化控制过程中要保证钢板加热速度合理。

（3）保温温度和保温时间：通过保温使材料趋近于热力学平衡状态，使成分均匀、晶粒长大、应力消除、位错密度降低。通过保温可以使钢板内外温度均匀，相变充分进行。由于钢板成分和热处理目的的不同，保温温度和保温时间也相差很多。所以加热控制过程中，保温温度和保温时间要根据合金成分和热处理目的而定。

（4）冷却速度：冷却是热处理生产中最重要的一个环节。钢板冷却过程的冷却速度，与冷却设备的冷却方式及淬火介质的冷却特性直接相关。通过合理控制冷却速度就能得到希望的组织和性能。碳素钢钢板以大于临界淬火冷却速度进行快速冷却获得马氏体（或下贝氏体）组织；奥氏体不锈钢以较大冷却速度快速冷却获得均匀的奥氏体组织。在快速冷却条件下，钢板内外温差增大，热应力和组织应力也增大，容易导致钢板变形和开裂，因此要严格控制钢板快速冷却过程中冷却均匀性和对称性以防止产生这样的缺陷。

1.3 中厚板热处理加热装备技术概况

热处理是中厚钢板生产的最后一道工序，与其他工序的加热工艺相比，对其炉温控制的准确性和加热的均匀性要求更高，工艺更加复杂。因此，热处理炉是工业炉中要求比较高的一类炉子，其装备水平和操作水平直接影响钢板的质量和生产成本。

1.3.1 热处理炉特点

与轧钢加热炉相比，中厚钢板热处理炉具有以下特点[17]：

（1）密封性较好。钢板热处理应保持表面的光洁，表面尽可能的少氧化与脱碳。热处理炉往往需要较高的密封，以便可以控制炉气成分，有时还要保持炉内某种特定气氛。例如冷加工钢材的光亮退火，多半在保护气氛介质或在真空中进行。

（2）温度控制精度较高。热处理炉保温阶段的温度波动对钢板加热质量有很大影响。因此，热处理炉的温度控制精度要求较高，近年引进的中厚板辊底式热处理炉一般要求炉温控制精度和均匀性在±10℃以内，被加热钢板的同板差和异板差在±15℃以内。

（3）加热温度的范围大。中厚板热处理由于工艺要求不同，加热炉温也不同，一个炉子可能要处理固溶（淬火）、正火、高温回火、低温回火、退火中的几种工艺生产，因此炉温的温度高的达1200℃，低的有150℃。由于温度相差大，炉子结构当然也有很大不同。

（4）生产率及热效率较低。钢板热处理时，为了保证断面上温度均匀，使结晶组织转变充分，需要使钢板在炉内保温较长的时间。不论哪一种热处理工艺，材料在炉内都有一个或几个均热或保温阶段，有的冷却过程也在炉内进行。有些钢种的热处理还要进行多次加热、保温和冷却。许多热处理炉是周期性作业，热损失大，生产率及热效率低。由于以上原因，一般热处理炉的生产率和热效率比轧钢加热炉低。

1.3.2 热处理炉分类

由于热处理工艺种类和热处理工件形状尺寸的多样性，热处理炉炉型和构造也呈现各式各样，热处理炉分类方法很多，不同分类方法代表它不同的特征[15]：

（1）按照机械化方式分：辊底式炉、步进式炉、台车式炉、外部机械化室式炉、链式炉、转底式炉、振底式炉、罩式炉等；

（2）按照最高温度分：炉温大于1000℃为高温热处理炉；650～1000℃为中温热处理炉；650℃以下为低温热处理炉；

（3）按照主要热处理工艺种类分：固溶、淬火、正火、回火、退火和渗碳等化学热处理炉；

（4）按照生产作业方式分：周期式和连续式热处理炉；

（5）按照加热方式分：分为直接加热方式，如明火炉等；间接加热方式，如辐射管炉、马弗炉等；

（6）按照加热热源分：有以燃料燃烧为热源的燃煤炉、燃油炉和燃气炉；此外还有以电能为热源的电阻炉、电极炉、感应加热炉等；

（7）按炉内加热介质分：以气体为加热介质的，如空气、烟气、控制气氛、真空等；以液体为加热介质的，如熔盐、熔铅等；以固体为加热介质的，如流动粒子炉等。

在中厚板钢铁企业应用较多的热处理炉有辊底式、步进式、台车式、外部机械化式及罩式五种。车底式炉、外部机械化式炉、罩式炉都属于周期式、间歇性生产的热处理炉，主要用作特厚板、高温回火板、退火板（中厚板很少用）等的生产。步进式和辊底式两类炉型属于可连续生产式。步进式炉主要优点是没有辊印和划伤，用于特厚板热处理有一定的优势，但投资大，维护要求高，钢板最大输送速度受到限制。步进式炉由于难以实现高速出炉，炉后不能与淬火机配套，只能用于钢板的正火、回火处理[18]。辊底式炉的产量和机械化、自动化程度相对较高，相对于其他炉型，它具有可实现高速出炉的特性，缩短了钢板淬火转移时间，炉后可配备先进的辊式淬火机设备，目前在国内外中厚钢板厂得到了广泛应用[19]。

辊底式炉可以以电能或燃料为能量来源，两者相比电加热方式控温均匀、精度较高，可控制在±3℃以内。但是电加热方式需要的供电量较大，企业需具备独立电力供应，这个条件在铝厂容易达到，钢铁企业一般不具备。因此钢铁企业的热处理炉基本采用燃料式，其中又以采用煤气或天然气为能源的燃气式炉应用较为普遍。

按热处理炉分类标准，使用燃气加热的辊底式热处理炉又可分为辐射管式（又称为无氧化加热式）和直焰式（又称为明火加热式）两种。辐射管加热方式是在保护气氛中通过辐射管间接加热，保护气氛一般为氮气。这种加热方式可防止加热过程中钢板氧化，使经抛丸处理的钢板在经加热后具有较好的表面质量，易实现高精度炉温控制和均匀性控制，但设备投资较大，升降温速度较慢，工艺转换时间较长，氮气消耗量较大，维护成本较高。辐射管式在引进的中温热处理炉中应用较多，武钢轧板厂1997年从德国LOI公司引进了国内首套中厚板无氧化辊底式热处理炉[20]。此后，随高品质碳素钢生产的需要，辐射管式辊底炉成为碳素钢热处理线的首选炉型。图1-1是LOI为国内某公司设计的无氧化辊底式热处理炉。

图1-1 无氧化辊底式热处理炉（LOI）

辐射管式热处理炉受辐射管材质影响，对热处理的最高温度有一定限制，国内建设的辐射管式辊底炉最高炉温一般不超过1000℃。超过1000℃的辐射管材质价格较高、投资较大，因此高温热处理炉一般采用明火加热方式。图1-2为东北大学轧制技术及连轧自动化国家重点实验室开发的应用于宝钢和酒钢热处理生产线中的高温明火加热辊底式热处理（固溶）炉设备。

a   b

图1-2 高温明火加热辊底式固溶炉设备
a—宝钢特钢热轧厂1号辊底式固溶炉；b—酒钢不锈钢厂辊底式固溶炉

目前，国内主要中厚板厂的辊底式热处理加热设备的情况详见表1-1。

表1-1 国内主要中厚板厂辊底式热处理加热设备一览表

工厂名称	热处理加热设备名称	投产时间	用　途	设计单位
舞阳第一轧钢厂 （4200mm）	1 号明火辊底式炉	1986 年	正火、回火	北京凤凰
	2 号明火辊底式炉	2004 年	正火、回火	北京凤凰
	3 号无氧化辊底式炉	2004 年	正火、回火、淬火	德国 LOI
武钢中板厂 （2800mm）	1 号明火辊底式炉	1986 年	正火、回火	原苏联
	2 号无氧化辊底式炉	1999 年	正火、回火、淬火	德国 LOI
	3 号无氧化辊底式炉	2005 年	正火、回火、淬火	德国 LOI
鞍钢厚板厂	1 号无氧化辊底式炉	1991 年	正火、回火、淬火	德国 LOI
	明火辊底式炉		回火	德国 LOI
宝钢 5m 宽厚板厂	辊底式宽厚板热处理炉	2002 年	正火、回火、淬火	德国 LOI
	无氧化辊底式炉	2005 年	正火、回火、淬火	德国 LOI
鞍钢 5m 宽厚板厂	无氧化辊底式炉	2005 年	正火、回火、淬火	德国 LOI
济钢厚板厂	无氧化辊底式炉	2005 年	正火、回火、淬火	德国 LOI
新钢厚板厂	2 座无氧化辊底式炉	2009 年	淬火、正火	北京凤凰
	明火辊底式炉		回　火	
涟钢 2250mm 热轧板厂	2 座无氧化辊底式炉	2010 年	正火、回火、淬火	中冶南方
太钢临汾中厚板厂	连续式常化炉	2006 年	正火、淬火、固溶	太钢设计院
南钢卷板厂	无氧化辊底式炉	2007 年	正火、回火、淬火	德国 LOI
	明火辊底式回火炉	2010 年	回　火	北京凤凰
首秦中厚板厂	1 号连续无氧化辊底式炉	2008 年	正火、回火、淬火	德国 LOI
宝钢特钢热轧厂	1 号明火辊底式固溶炉	2009 年	固溶、正火、回火、退火	东北大学
酒钢不锈钢厂	明火辊底式固溶炉	2010 年	固溶、正火、回火、退火	东北大学

无论辐射管加热或明火加热方式，都要满足工艺要求的加热时间、保温时间和炉温的均匀性。在此前提下，明火加热要尽可能将炉内气氛控制为微氧化性气氛或接近还原性气氛，以获得良好的钢板表面质量。辐射管加热要在炉内通入氮气等保护气体，防止钢板氧化，以获得更好的钢板表面质量。采用辐射管炉加热钢板，入炉前钢板要经抛丸机处理，以清除其表面的氧化铁皮，减少炉辊积瘤。

1.4 中厚板淬火技术的发展历史

淬火可以显著提高钢的强度和硬度，是高强度高等级碳素钢中厚板产品热处理工艺中最为重要的组成部分。淬火是钢板从奥氏体区或者两相区的高温状态，以大于临界冷却速度的高冷却速度冷却到马氏体温度之下，通常达到室温。在淬火过程中，必然伴同钢铁材料的温度降低和相变引起的体积变化。

1.4.1　在线热处理技术

1.4.1.1　直接淬火工艺原理及进展

直接淬火工艺（Direct Quenching）是在热轧终了钢材组织处于完全奥氏体状态时，经过快速冷却发生马氏体相变，即奥氏体全部转变为马氏体的工艺过程[21~24]。对同样厚度、材质的钢板，直接淬火的冷却速度要大于控制冷却的冷却速度。与常规淬火相比，直接淬火的优点在于对同一合金成分的钢板具有更高的淬透性，并且对 Nb 和 Ti 等合金元素的使用要求更加灵活。利用这些合金元素可以在钢中形成稳定的氮化物和碳化物，在板坯高温加热时，它们在奥氏体相中产生固溶，从而提高淬透性和充分发挥析出强化功能。直接淬火后的钢板必须进行回火处理，目前在国外的同类生产线上已设有在线回火炉等设备，实现了钢板淬火＋回火处理连续化生产。

直接淬火工艺对冷却设备的苛刻要求，使其在很长一段时间内只是处于实验室研究阶段。20 世纪 80 年代后板材在线加速冷却系统在日本问世，部分系统已达到直接淬火时的冷却速度，使得直接淬火技术实现了真正意义上的工业化。工业实践表明，通过优化化学成分和合理地控制淬火前的热轧条件，直接淬火工艺比再加热淬火工艺具有更加优良的强韧匹配。至此，直接淬火＋回火技术陆续在工业发达国家的中厚板企业得到推广应用。以日本 JFE 钢铁公司为例，JFE 钢铁公司近年来开发成功的新型快速冷却技术——Super-OLAC[25~27]。在 600~1000℃ 范围内，其冷却强度为常规加速冷却技术的 2 倍以上，成为引领日本厚板发展潮流的新技术之一，并得到迅速推广应用。从 1998 年开始先后将其属下 3 家中厚板企业采用在线快速冷却系统，如图 1-3 所示。2004 年在其福山厚板厂超快速冷却装置的后部安装了世界首条感应加热在线热处理线（Heat Treatment Online Process，简称为 HOP），并成功开发了一系列具有优异性能的高品质中厚板材。

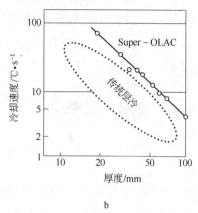

a   b

图 1-3 JFE 公司 Super-OLAC 设备及与传统层冷设备冷却速度比较

a—JFE 公司 Super-OLAC 设备；b—Super-OLAC 与层冷设备冷却速度比较

根据世界各中厚板厂家统计，需要控轧控冷和热处理的钢板量占年总产量的 32%，其中控制冷却的钢板占 8% ~ 12%[28]。这些控冷的钢板均为强度不大于 600MPa 级的管线钢、船板、低合金钢和结构钢等，强度大于 600MPa 级钢板应采用淬火工艺保证其强度要求。所以每个中厚板厂除了设有控轧、控冷或直接淬火工艺外，还安装了离线热处理设备。

1.4.1.2 基于超快速冷却的中厚板新一代 TMCP 技术

传统 TMCP 工艺过程实现的两个要素"低温大压下"和"微合金化"，一方面导致轧制生产工艺过程受到设备能力等的限制，轧制生产过程操作方面的问题不容回避；另一方面导致钢铁材料产品生产过程中大量的资源和能源消耗。为了克服传统 TMCP 工艺过程的缺点，即采用节约型的成分设计和减量化的生产工艺方法，获得高性能、高附加值、可循环的钢铁产品，2007年，东北大学轧制技术及连轧自动化国家重点实验室（RAL）王国栋院士带领的科研团队将超快速冷却技术应用于热轧钢铁材料轧制技术领域，与控制轧制相结合，提出了以超快速冷却技术为核心的新一代 TMCP 技术[28,29]。

随后在 RAL 开展的系列实验室研究结果表明，超快速冷却使热轧钢板的性能指标与以往相比有了质的飞跃，而材料成本和生产过程中的各类消耗则大幅度降低。这种技术在生产中的初步应用使人们认识到，使用水的冷却过程不仅可以丰富轧后冷却路径控制手段，而且会衍生出很多新的钢材强韧化机理。目前，轧后超快速冷却技术已经成为热轧板带材生产线改造的重要方向。与常规冷却方式相比，超快速冷却技术不仅可以提高冷却速度，而且与常规 ACC 相配合可实现与性能要求相适应的多种冷却路径优化控制。

与传统 TMCP 技术采用"低温大压下"和"微合金化"不同，以超快速冷却技术为核心的新一代 TMCP 技术的中心思想是：（1）在奥氏体区间，趁热打铁，在适于变形的温度区间完成连续大变形和应变积累，得到硬化的奥氏体；（2）轧后立即进行超快冷，使轧件迅速通过奥氏体相区，保持轧件奥氏体硬化状态；（3）在奥氏体向铁素体相变的动态相变点终止冷却；（4）后续依照材料组织和性能的需要进行冷却路径的控制。即通过采用适当控轧＋超快速冷却＋接近相变点温度停止冷却＋后续冷却路径控制，通过降低合金元素使用量、采用常规轧制或适当控轧，尽可能提高终轧温度，来实现资源节约型、节能减排型的绿色钢铁产品制造过程。

新一代 TMCP 技术目标是通过研究热轧钢铁材料超快速冷却条件下的材料强化机制、工艺技术以及产品全生命周期评价技术，采用以超快冷为核心的可控无级调节钢材冷却技术，综合利用固溶、细晶、析出、相变等钢铁材料综合强化手段，实现在保持或提高材料塑韧性和使用性能的前提下，80%以上的热轧板带钢（含热带、中厚板、棒线材、H 型钢、钢管等）产品强度指标提高 100~200MPa 以上，或节省钢材主要合金元素用量 30% 以上，实现钢铁材料性能的全面提升，大幅度提高冲击韧性，节约钢材使用量 5% ~ 10%；提高生产效率 35% 以上；节能贡献率 10% ~ 15%。

2011 年，新一代 TMCP 技术相继被列为工信部《产业关键共性技术发展指南（2011 年）》中钢铁产业五项关键共性技术之一，《钢铁工业"十二五"发展规划》重点领域和任务以及新工艺、新装备、新技术创新和工艺技术改造的重点内容，国家发改委《产业结构调整指导目录（2011 年）》中钢铁部分的鼓励类政策之一，新一代 TMCP 技术获得国家政府部门的高度重视，凸显了其在钢铁行业发展中的重要作用。

1.4.2 离线热处理技术

相对在线淬火技术具有成本低、生产效率高的特点，离线淬火技术具有整批产品性能稳定等优点，对于性能均匀性和强度等级要求较高的品种板来说，离线淬火是不可替代的。离线淬火最早是水槽浸入式淬火，其在现代的特厚板淬火中仍然得以应用。为了提高淬火冷却效率和淬火后板形，发展到中厚板喷淬式淬火，其设备主要包括压力淬火机设备和辊式淬火机设备。

1.4.2.1 浸入式淬火

浸入式淬火方式是利用大型卡具将钢板直接浸入冷却介质中进行淬火。浸入式淬火设备通过池内冷却水搅拌加速钢板表面对流换热过程，实现钢板较快速冷却。由于搅拌水流速度受淬火池或淬火槽容积及装置限制，相对于壁面射流换热，浸入式淬火冷却强度偏低，且因搅拌产生的水流速度在池内各处不一致，钢板板面各处冷却强度分布不均，导致钢板冷后淬硬层深度及组织分布不均。另外，由于很难保证钢板同时进入到淬火介质里，钢板冷却有先有后，冷却速度不同，很容易造成钢板的瓢曲和性能不均。

一般来说，对于不容易发生淬火变形的特厚钢板，目前国内主要利用浸入式水槽进行淬火冷却，但钢板进入到冷却水槽中时，钢板冷却过程中表面会形成一层水膜，大大降低表面换热效率，目前各大中厚板企业也在考虑采用基于高压射流冲击换热原理的辊式淬火设备对厚板进行高强度淬火。

浸入式水槽淬火相关生产图片如图1-4所示。

a   b

图1-4 浸入式水槽淬火相关生产图片

a—淬火框架吊起入水；b—钢板水中冷却

1.4.2.2 压力淬火机

太钢五轧厂热处理车间曾从国外引进一套压力淬火机,其采用高压水喷射冷却方式,通过调整水压、流量及冷却时间,来实现不同的热处理制度,但是投入使用后,在钢板的淬火生产中,钢板冷却不均匀造成变形严重且不可控,且在压块处,存在淬火软点,因此,压力淬火机自引进以来,一直未能正常稳定地连续生产。压力淬火机的工作原理示意图如图 1-5所示。

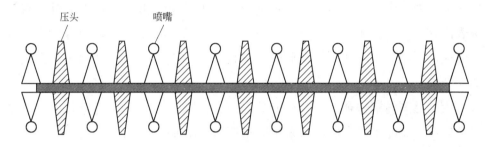

压头　　　　　喷嘴

图 1-5　压力淬火机的工作原理示意图

压力淬火机组由上下两组固定在框架上的压头组成,喷嘴位于压头之间,上框架可垂直移动,下框架固定,位于下压头之间的一系列辊道装在一个可上下移动的框架上。钢板从炉内抽出后,压力淬火机组的上框架带动上压头向上运动,同时位于下压头之间的运输辊道上升,钢板经运输辊道进入上下压头之间,运输辊道下降,上压头压下。上下压头将钢板夹紧,位于压头间的喷嘴从钢板上下表面同时喷水,进行淬火处理。随后上压头打开,运输辊道上升,钢板经运输辊道出淬火机组,完成淬火过程。喷嘴沿宽度方向可分为三个区域进行控制,这样可针对不同宽度的钢板采用不同的区段控制,从而可节省耗水量。

压力淬火机的主要特点是:利用上、下机架压力,抑制钢板淬火变形;上下喷水量不均匀,造成钢板变形不均匀,淬硬层不均匀;压块的约束暂时性限制了钢板的热变形,却加大了淬火过程中板材内部的热应力,待淬火后脱离上下压块的约束,应力释放后变形依然存在;同时压头造成淬火钢板表面存在软点和压痕;机架长度限制淬火钢板长度。

1.4.2.3 辊式淬火机

现在钢铁企业大规模板材淬火生产所用的淬火机均为辊式淬火机。与传统的压力淬火机相比，辊式淬火机采用冷却强度不同的高、低淬火区连续淬火，钢板在运动中进行淬火，高压区采用高水压、大流量以最大限度吸收钢板表面的热量；然后，钢板进入低压淬火区以适当水量继续冷却，最终使钢板温度降到室温。

淬火过程中板材的平直度通过水量、水压和辊速等工艺参数的调节来予以保证，处理的钢板基本上不受机械设备长度约束。由于辊式淬火机具有钢板表面淬火均匀、无软点、冷却速率高、钢板长度不受机架限制等优点，被广泛应用于现代化的中厚板调质热处理线，成为当前高强中厚钢板淬火生产的首选设备。

为满足国内钢铁企业中厚板产品的淬火需求，国内部分科研单位基于中厚板轧后层流冷却技术原理，采用同中厚板轧后加速冷却方式相同的层流冷却设备，通过加密集管、增大水流量提高一定的冷却能力，进行板材的淬火处理。但是这种设备由于冷却机理及结构设计等原因，其冷却能力和保证板形方面并不适合淬火冷却工艺。在冷却机理上，层流冷却设备的冷却能力和冷却均匀性并不能满足中厚板材的淬火冷却工艺要求。从技术发展及实际应用来看，中厚板辊式淬火机已成为现代化热处理线淬火设备的主流设备形式。

辊式淬火机淬火冷却系统通常由两个淬火冷却区组成，分别为高压淬火冷却区和低压淬火冷却区，通过配置不同形式的喷嘴、供水配置以及不同的冷却介质压力，获得高、低不同的冷却强度。淬火过程中，淬火钢板连续通过辊式淬火机冷却强度不同的高、低压淬火区，完成板材淬火工艺过程。

由于中厚钢板辊式淬火过程涉及流场、温度场、应力场、组织场等耦合作用，工艺参数多，控制过程复杂，此前仅 LOI 公司、DREVER 公司、SSAB 公司等几家国外企业能够提供相关设备和技术，形成了垄断。进口设备供货周期长（18 个月），价格昂贵（4000 万～6000 万元），且不单独供货（与热处理炉捆绑供货），使企业整体投资加倍，难以满足国内中厚板企业的工期和投资规模要求，成为企业建设现代化热处理生产线、提高产品结构层次的重要制约因素。此外，进口设备不具备高品质薄规格中厚板的生产能力，薄规格淬火成品板生产技术"一价难求",极大地阻碍了热处理行业的整体发展。

以湘钢为例,2008 年年底该公司从国外某公司高价引进 3800mm 辊式淬火机设备,并完成了厚度大于 12mm 的板材淬火工艺调试。但在实际生产过程中,该进口设备仅能满足厚度规格 16mm 以上板材的连续稳定淬火生产,严重制约了公司薄规格高等级调质板的工艺开发和产品升级。2006 年年底,东北大学在太钢集团临汾钢铁有限公司中板厂研发了国内首套具有自主知识产权的辊式淬火机设备,并陆续在国内推广应用十余套。

表 1-2 为目前国内各钢铁企业辊式淬火机设备情况。

表 1-2   国内各钢铁企业辊式淬火机设备

序号	钢铁企业名称	辊式淬火机设备参数	投产时间	设计单位
1	武钢中板厂	宽度:2800mm,长度:14480mm	1999 年	德国 LOI 公司
		宽度:3000mm,长度:14480mm	2005 年	德国 LOI 公司
2	鞍钢厚板厂	宽度:4600mm	1991 年	日本住友二手设备
3	上海浦钢厚板厂	宽度:3600mm	2003 年	DREVER 公司
4	舞阳钢铁公司厚板厂	宽度:4100mm,长度:23300mm	2004 年	德国 LOI 公司
5	宝钢厚板厂	宽度:5000mm,长度:22640mm	2005 年	德国 LOI 公司
6	湘钢 3800mm 中厚板厂	宽度:3800mm	2008 年	德国 LOI 公司
			2012 年	东北大学改造
7	济钢中厚板厂	宽度:3650mm	2007 年	德国 LOI 公司
8	秦皇岛金属材料有限公司	宽度:4300mm,长度:22763mm	2008 年 3 月	德国 LOI 公司
9	江苏沙钢	宽度:5000mm	2007 年	德国 LOI 公司
10	武钢鄂钢宽厚板厂	宽度:4300mm	2009 年	德国 LOI 公司
11	包钢宽板厂	宽度:4100mm	2009 年	德国 LOI 公司
12	兴澄特钢	宽度:4300mm	2010 年	DREVER 公司
13	鞍钢 5m 宽厚板厂	宽度:5000mm	—	德国 LOI 公司
14	太钢集团临钢中板厂	宽度:3000mm,长度:18040mm	2006 年 12 月	东北大学 RAL
		宽度:3200mm,长度:18040mm	2008 年 11 月	东北大学 RAL
15	唐山中厚板材有限公司	宽度:3500mm,长度:19750mm	2008 年 7 月	东北大学 RAL
16	新余钢铁公司中厚板厂	宽度:3800mm,长度:24135mm	2009 年 1 月	东北大学 RAL
17	宝钢特钢事业部	宽度:2800mm,长度:19750mm	2009 年 6 月	东北大学 RAL
18	酒泉钢铁公司	宽度:3500mm,长度:22000mm	2009 年 11 月	东北大学 RAL
19	南钢中厚板卷厂	宽度:3500mm,长度:18000mm	2009 年 10 月	东北大学 RAL

续表 1-2

序号	钢铁企业名称	辊式淬火机设备参数	投产时间	设计单位
20	宝钢罗泾厚板厂	宽度：4200mm，长度：25815mm	2012 年	东北大学 RAL
21	华菱涟钢 2250mm 热轧厂	宽度：2300mm，长度：19600mm	2010 年 11 月	东北大学 RAL
22	重钢中板厂	宽度：4100mm，长度：21000mm	2013 年 3 月	东北大学 RAL
23	南钢中板港池淬火机	宽度：3500mm，长度：25000mm	2014 年 1 月	东北大学 RAL
24	南钢 5000mm 淬火机	宽度：5000mm，长度：25000mm	2014 年 1 月	东北大学 RAL

2　中厚板连续热处理工艺和品种的研发

为提高中厚板的综合力学性能，目前，采取的措施主要有两方面：在冶炼方面普遍采取精炼及微合金化措施；在轧钢方面采取控轧控冷（TMCP）工艺等，并已经起到节能降耗、提高生产率的效果。但是，总体来说都存在一定程度的不足。比如：TMCP 处理的钢板性能离散度较大，而且一些钢种要求很苛刻的临界轧制，该工艺目前还不能在强度、韧性，特别在平直度指标上达到令人满意的结果。因此，再要提高质量及强度级别，获得优异综合性能的钢板，如一些高强度、高韧性、易焊接等高级别钢板，尤其是要求性能均匀性比较高的工程机械用结构钢板、锅炉压力容器钢板、桥梁钢板、高层建筑钢板、Z 向钢板等，热处理方式仍然是难以替代的。因此，在热处理装备的研发过程中，我们同样也注重了相关配套产品的开发，其中低成本工程机械用耐磨钢板和高强度结构用调制钢板的开发就是其中很好的一部分。

课题组利用热处理成套设备研发的优势，通过对热处理过程的深入、细致分析发现，随着国内冶炼水平和轧制技术的提高，传统的部分合金钢完全能够采用只加入极少合金元素，通过严格的工艺参数的控制的方法来达到甚至超过原有性能水平，这样不但为企业节约了生产成本，降低了能耗，而且还有利于保护环境，实现节能减排。

2.1　低成本工程机械用高强度耐磨钢板开发

耐磨钢板被广泛应用于工作条件恶劣，要求强度高、耐磨性好的工程、采矿、建筑、农业、水泥生产、港口、电力以及冶金等机械产品上，如推土机、装载机、挖掘机、自卸车及各种矿山机械、抓斗、堆取料机、输料弯曲结构等。据统计，在工业发达国家，每年机械装备及其零件的磨损所造成的经济损失占国民经济总产值的4%左右，而我国每年的需求量大约在50万～60万吨。因此，解决磨损和延长机械设备及其部件的使用寿命一直是工业界人士在设计、制造和使用各种机械设备所需要考虑的首要问题。

目前，被广泛应用的耐磨钢铁材料主要有三大类：高锰钢、耐磨铸钢（铁）和低合金耐磨钢。高锰钢是传统的耐磨材料，具有较高的韧性，但其耐磨性取决于工况条件，在冲击严重、应力较大的条件下，高锰钢不失为优越的耐磨材料，但在冲击不大、应力较小的条件下，高锰钢的优越性得不到发挥，其耐磨性并不高。耐磨铸钢（铁）即所谓第三代耐磨材料，是目前国内外公认的耐磨性能（特别是耐磨料磨损）最好的材料。它的特点是在马氏体（奥氏体）基体上镶嵌着维氏硬度高达 1300 ~ 1800 的 M_7C_3 碳化物。这种碳化物不以网状出现，其韧性比一般白口铁要好。用这类材料制成的易损件在许多工况条件下表现出很小的失重和很高的使用寿命。但是，由于它含有大量铬等稀缺元素，制造工艺要求严格，以及它本身固有的脆性等，限制了这种材料的大量推广使用。低合金耐磨钢的出现，不但成功地避免了高锰钢的应用场合的局限性和耐磨铸铁添加较多贵重合金元素的缺点，而且还具有优良的强韧性、耐磨性和耐蚀性，成本不高的优势。

目前，我国低合金耐磨钢板无论是在强度级别还是在性能等方面与世界先进水平相比均存在不小的差距。其具体主要体现在：

（1）在用户使用钢种级别上，国内多数产品用户主要使用 NM360 ~ NM400 级别；而国外主要是使用 NM450 ~ NM550 级别。

（2）在钢铁企业钢种开发级别上，国内钢种开发及生产级别主要集中在 NM360 ~ NM400 级别，只有极少数企业开发至 NM450 级别，而国外已开发至 NM600 甚至 NM700 系列。

（3）在成分设计方面，国内产品大多都添加较多的合金元素，甚至部分稀有元素；而国外则是采取添加极少量的合金元素，主要是通过严格的冶炼及工艺控制来达到较高的耐磨性能，由于合金元素添加较多，焊接性能亦不好。

（4）在产品使用性能方面，国内产品稳定性较差，主要表现在力学性能（主要是硬度的波动性）上经常出现不稳定的情况，而国外产品则性能比较稳定。

针对上述存在的问题，课题组成员结合该类钢板的主要使用工况和国内合金元素的分布特点，并充分利用在开发淬火机设备时淬火过程及热交换过程原理的研究，成功地开发出综合力学性能良好的低成本 NM360～NM500 低合金耐磨钢板，该类钢板主要有以下特点：

（1）稳定性综合力学性能。钢板在淬火时由于冷却速度极快，极易造成钢板的冷却不均，从而引起板形和性能的波动。课题组通过对淬火过程的深入分析研究，合理的设计并布置淬火机喷嘴，成功地解决了冷却不均的难题，并最大限度地利用了冷却能力；此外，课题组在该类钢的成分设计时，充分考虑各种元素对淬透性的影响，合理的添加其中的合金元素，在自主开发的成套热处理设备下成功开发的具备稳定综合力学性能的低成本耐磨钢板，该类钢板与国内其他钢厂生产相比，性能更稳定，硬度波动性较小，图 2-1 为典型级别（NM400）50mm 以下此类钢板沿厚度方向硬度分布情况。

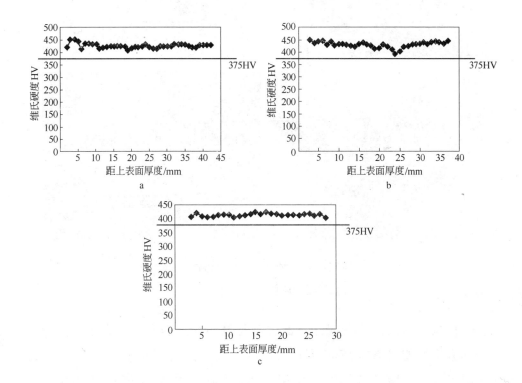

图 2-1　典型级别钢板（NM400）沿厚度方向硬度的分布情况

a—D208161100（45mm）维氏硬度；b—D208141100（40mm）维氏硬度；

c—D208121200（30mm）维氏硬度

（2）良好的焊接性能和冷弯性能。在成分设计时，由于充分利用了淬火机的冷却能力，添加的合金元素较少，从而使得碳当量（0.40~0.60）较低，为得到良好的焊接性能提供了保障；此外，通过对化学成分及其冶炼、轧制过程的严格控制，从而保证了该类钢的良好的冷弯性能。图2-2为工业生产钢板典型级别（NM400）的冷弯照片及其10mm钢板淬火后的实物情况。

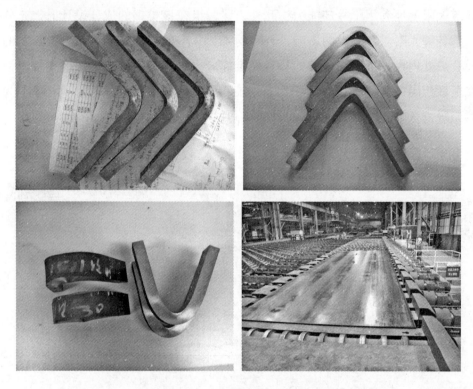

图2-2　工业生产钢板典型级别（NM400）的冷弯照片
及其10mm钢板淬火后的实物情况

（3）较高的低温冲击韧性。低合金耐磨钢由于其使用环境极其恶劣，要求其力学性能具有极高的硬度和强度，使得其韧塑性较差，从而极大地限制了其在严寒地带的推广应用。通过轧制、轧后冷却及其淬火过程的控制，得到较小的奥氏体晶粒，从而为淬火后得到更加细小的马氏体组织提供了保障，确保了淬火后得到较高的低温冲击韧性。表2-1显示了给沈阳重型机械有限公司交货的部分钢板的强度及其低温冲击韧性情况。

表 2-1 部分给沈阳重型机械有限公司交货钢板性能情况

板 号	规格/mm	拉伸试验		A_{KV}(纵向，$-20℃$)/J		
		R_m/MPa	A_{50}/%	1	2	3
D203601200	16	1400	17	58	68	67
D203611200	16	1400	22.5	52	54	54
D203591100	20	1420	23	54	46	61
D203581100	20	1410	22.5	55	63	61
D203581200	20	1400	21	61	61	64

（4）低成本。通过对该类钢的使用条件进行分析并结合我国合金的分布情况，充分利用淬火过程中水的作用，在少添加或不添加 Mo、Ni 等贵重合金元素的基础上，适当添加 Cr、B 合金元素，从而使得生产成本极低。

目前，该类品种已在首钢、南钢实现批量化生产，之后又在包头钢铁公司相继得到推广，得到企业和用户的一致好评。

2.2 高强度结构用调质钢板开发

高强度结构钢板被广泛应用于工程机械和煤矿机械行业，厚度以 4～80mm 为主，其中，20mm 以下厚度钢板绝大多数被应用于工程机械行业；20mm 以上厚度钢板主要为中厚板类产品，多数被应用于煤矿机械行业。

目前国内在生产高强度结构钢板时，多采用 TMCP 或 TMCP + 回火的方式，且生产规格和级别均较低，对于较厚规格的 Q690 及以上级别产品，只有极少数企业通过加入较多的合金元素并使用调制的方式生产，而国外则大部分是以调质的方式生产。采用 TMCP 或 TMCP + 回火的方式较厚规格的 Q690 及以上级别产品时，得到的低温冲击功值较低，力学性能波动性较大，而采用淬火 + 回火的调质方法生产，能够很好地解决以上问题。课题组成员利用其研发淬火机的优势，充分挖掘该类钢材的淬火工艺，成功地开发出 Q690～Q960 级别 4～60mm 厚高强度结构用调质产品。Q690～Q960 级别 4～60mm 厚产品的开发，填补了我国高强度结构用调质钢板薄规格生产的空白。

该类产品的特点主要体现在以下几个方面：

（1）不同钢板厚度规格采用不同的化学成分体系。目前，国内在生产调制产品时，对不同厚度规格的产品主要采用折中的化学成分。这样使得在薄规格产品时，由于钢板极易被淬透，造成了对资源的浪费；而在生产厚规格产品时，又由于加入的合金元素富余量不多，使得由于厚度的增加而引起的"厚度效应"比较明显，性能的波动性较大。通过对不同厚度规格的产品采用不同的化学成分体系，在薄规格上尽量采取"以水代合金"的方法来减少合金元素的添加，在厚规格时通过合理的合金元素的添加来提高钢板的性能，这样不但提高了钢板的稳定性能，而且还为企业节省成本，节约了资源。

（2）不同钢板厚度规格采用不同的淬火制度。长期以来，淬火制度对钢板性能的影响一直未被国内大多数钢厂重视，传统观点认为，淬火时只要在奥氏体温度以上保温一定时间即可。通过研究我们发现，钢板的淬火制度对后续的冷却过程有着较大的影响。随着厚度规格的增加，淬火温度及其淬火保温时间也应当相应的有所调整，只有这样，才能既保证钢材的充分奥氏体化，又不使其长大，从而为后续得到良好的综合力学性能提供保障。

（3）适度细化原始奥氏体晶粒的思想。研究发现，细化原始奥氏体晶粒是提高高强结构用调质钢板低温冲击韧性的最佳途径，尤其是对于960MPa及其以上级别的产品更为明显。课题组通过合金元素的合理添加和轧制、轧后冷却制度的控制，适度的细化原始奥氏体晶粒，不但极大地提高了其低温冲击韧性，而且还避免了焊接时热影响区的急剧粗化而引起钢板性能的恶化。

目前，该类产品已在南钢、涟钢得到推广，并取得良好的成效，为实现低成本减量化的钢铁材料开发应用奠定了基础。

2.3　高品质不锈钢热处理工艺及品种开发

基于开发的特殊钢板材热处理关键装备及技术，结合企业不锈钢炼钢、轧钢特点，开发出系列高品质奥氏体不锈钢和双相不锈钢板材热处理工艺及品种。为使多钢种、变规格的不锈钢板材得到多样化的热处理后组织和性能，需要针对不同用户量身定制热处理工艺，这些工艺在国内其他不锈钢板材热处理线上不能同时实现。基于项目研发的辊底式固溶炉和辊式淬火机，本项目能够连续稳定实现厚×宽×长为$(4 \sim 69)$mm$\times(1500 \sim 3200)$mm$\times(2000 \sim 12000)$mm长不锈钢板正火、淬火、固溶、常化快冷等热处理工艺。其中，可稳定实现的淬火方式包括水淬、气淬和汽雾淬等。

本项目开发的系列产品包括：3～6mm 压力容器用不锈钢热轧板 022Cr19Ni10、022Cr17Ni12Mo2 等；3～6mm 承压设备用不锈钢板 S30408、S31608 等；4～69mm 锅炉压力容器用不锈钢板 S30403、S31603 等；5～40mm 不锈钢船板 UN30400、UN31603 等；双相不锈钢 S32205 等。相关产品通过中国船级社认证，并获得中华人民共和国特种设备制造许可证。

3 大型特殊钢板材高温辊底式固溶炉关键技术研发与应用

3.1 特殊钢热处理技术原理及要求

不锈钢等特殊钢的热处理是为了改变其物理性能、力学性能、残余应力，以及恢复由于预先加工和加热受到严重影响的抗腐蚀能力，以便得到不锈钢等特殊钢的最佳使用性能或进行进一步冷、热加工。针对不同组织、不同类型的不锈钢，相应的热处理工艺包括固溶、淬火、退火、回火、正火等。

由于不锈钢中铬、镍含量很高，其热处理工艺与普通钢相比差别较大，例如：

（1）加热温度较高（最高为1200℃），加热时间相对较长；

（2）不锈钢热导率较低，在低温时温度均匀性较差；

（3）奥氏体不锈钢高温膨胀较严重；

（4）为防止出现渗碳、渗氮及脱碳和过氧化等现象，需要精确控制炉内气氛；

（5）不锈钢的表面质量（如平整度、粗糙度、色差等）对产品的使用及价格有决定性的影响，热处理时产生的氧化铁皮会造成炉辊结瘤等问题，将严重影响表面质量；

（6）要确保避免不锈钢表面的擦划伤，同时防止钢板热处理时产生变形（尤其是淬火时）。

不锈钢种类繁多，按其组织可以分为奥氏体、马氏体和铁素体三类（此外还有沉淀硬化型、铁素体奥氏体型等），这三类不锈钢的热处理无论方法还是目的都不尽相同。

（1）奥氏体不锈钢。因基体为均一的奥氏体组织，该类不锈钢不具有磁性和淬硬性。热处理时，加热至高温（一般1000℃以上，最高1180℃），奥氏体再结晶的同时使在加工中产生的碳化物固溶到奥氏体中，然后快速冷却，使碳呈固溶状态的奥氏体保持到常温。

奥氏体不锈钢加热温度主要依据碳化物的固溶速度。加热温度偏低，加热时间需相应延长；加热温度偏高，又可能产生晶粒过分长大、氧化铁皮增厚等问题，进而降低材料力学性能及表面质量。对于不锈钢板材，通常采取先预热到 700~800℃，再快速升温的方法，以提高加热均匀性。

为防止已固溶的碳化物析出，冷却速度十分重要，特别是在 600~700℃时，碳化物析出较多而发生敏化，必须进行快速冷却。由于奥氏体不锈钢热导率低，对于较厚钢板来说，心部冷速决定整板固溶效果。传统做法是加入 Ti、Nb 等元素，因为这些元素对碳亲和力较大，易于实现奥氏体稳定化。

奥氏体不锈钢热处理特点对本项目研发提出了新的技术要求：

1）固溶炉炉温应稳定实现 1200℃，高于国内同类型热处理炉；

2）对固溶炉炉内气氛实施自动化精确控制；

3）因加热工艺复杂，必须严格按照指定的加热曲线升温和保温，实现加热温度、加热速度和板温均匀性精确控制；

4）淬火设备需具备冷却强度大、冷却均匀性好的特点，薄规格钢板（4mm＜厚度＜10mm）淬火后板形优异，厚规格钢板（50mm＜厚度＜100mm）心表冷速差小，心部冷速达到工艺需求；

5）需进行淬火冷速控制，满足钢板固溶工艺要求，使合金成分减量化。

（2）铁素体不锈钢。铁素体不锈钢以 Cr 为主要合金元素（含量为 12%~30%）。此类钢为单相组织，具有强磁性，无淬硬性。因该类钢加热时晶粒长大迅速且晶粒尺寸大，热处理时为避免晶粒粗大或发生奥氏体相变，加热温度不宜过高，一般最高为 850℃。

铁素体不锈钢在退火时，易发生 475℃脆性现象，同时降低材料的耐蚀性和焊接性，特别是对于高铬的铁素体不锈钢。因此，必须缩短在 370~550℃ 的停留时间。

针对铁素体不锈钢热处理特点，本项目开发重点应放在热处理炉中温区间（400~800℃）控温精度上，开发智能化烧嘴燃烧策略、精确化加热模型系统以及缜密的自动控制逻辑，确保铁素体不锈钢退火工艺的精确实现。

（3）马氏体不锈钢。马氏体不锈钢由高温奥氏体状态快冷（淬火）转变的马氏体组织组成。该类钢有明显的相变点，可通过淬火而硬化，且由于其含铬高，淬透性好，回火时可在较大范围内调整其强度和韧性。在升温使碳化物固溶时，因碳扩散速度较慢，为得到均匀的奥氏体组织，加热温度一般比临界点温度高50℃以上，且保温时间充足，以便碳化物充分、均匀溶解。加热时间过长、加热温度过高会造成马氏体组织不均匀，残余奥氏体组织增多，从而使材料因膨胀差而产生内应力。

马氏体钢是热裂纹敏感钢种，该钢种在低温时热导率低，快速加热时极易产生裂纹，因此在处理板材时，应先预热，然后再快速升温。

针对马氏体不锈钢热处理特点，本项目除需实现加热温度、加热速度、炉内气氛、升温路径等的精确控制外，应着重开发马氏体不锈钢淬火装备及技术，在保证冷却强度、冷却速度和冷却均匀性的同时，结合基体相变规律开发按工艺路径冷却策略，实现钢板心部、表面冷速可控，进而实现淬后组织和性能可控。

除上述三种典型不锈钢外，本项目还应具备沉淀硬化型不锈钢、高温合金、钛合金等特殊合金精确稳定热处理生产能力，为企业开发高等级、高附加值产品，优化产品结构创造装备和技术条件。

3.2 高温固溶炉脉冲燃烧的时序控制

脉冲燃烧控制是一种新型燃烧控制方式。作为高温固溶炉燃烧系统的重要组成，它的控制水平直接关系到钢板热处理质量的好坏与生产成本的高低。本章针对脉冲燃烧的核心"时序控制模型"进行研究，从数学角度分析了时序控制模型参数对固溶炉稳态温度偏差的影响。针对燃烧设备实际情况，建立了新型复合式脉冲燃烧时序控制模型。最后，利用工业试验对所建模型的参数选取和使用效果进行了测试。

3.2.1 脉冲燃烧控制原理

3.2.1.1 脉冲燃烧方式

脉冲燃烧方式通过控制燃气阀和空气阀周期性的打开和关闭而形成一种稳定、周期性的燃烧。这种控制方式可使固溶炉的控制和操作变得更加容易和灵活，具备调节比大、温度均匀性好、精度高以及节能的优点[30]。与传统的连续燃烧相比，脉冲燃烧的基本特征是燃烧装置内部存在着高强度的压力脉冲。这种压力脉冲的振幅范围达±(2~10)kPa[31]，有一固定的频率，一般为20~150Hz。有关研究表明，在如此强烈的声波作用下，燃烧过程和传热传质过程会得到明显的强化，污染物的排放量明显降低。Zinn 等在 Rijke 型脉冲燃烧装置中对粗颗粒烟煤的燃烧实验表明，燃烧效率高达97%，燃烧时间缩短30%，空气过剩系数只有1.05~1.1，NO_x 的排放量只有同温度下的50%。June 等在竖直平板的自然对流传热实验中发现，当气体在频率为200Hz、声强为163dB 的声波作用下，传热系数是无脉冲条件下的2.2倍。脉冲燃烧可以用来提高燃烧效率和热效率，缩小设备尺寸，避免受热面积灰，降低氮氧化物排放等。因此，人们开发了各种各样的脉冲燃烧装置，用于航空动力、锅炉设备、工业炉等领域。

3.2.1.2 脉冲燃烧装置

工业炉用的燃烧装置又称为燃烧器或烧嘴。常规烧嘴中空气和燃料是在烧嘴内混合或预混，然后在炉内燃烧，调节比一般为1:4左右[32]。这种烧嘴在满负荷工作时，燃气流速、火焰形状、热效率均可达到最佳状态。但当烧嘴流量接近最小流量时，燃气流速大大降低，火焰形状达不到要求，热效率急剧下降。采用脉冲燃烧控制方式的固溶炉通常使用高速烧嘴。高速烧嘴中，空气和燃料是在烧嘴内部的燃烧室内完成混合和燃烧。在密封的燃烧室内，燃烧产生的高温气体保持足够高的压力，高速从烧嘴喷口喷出。高温气体喷射速度可达100m/s 以上，因此强化了炉内烟气循环，进而强化炉内钢板的对流换热。在使用高速烧嘴时，燃气喷出速度快，高速流动的烟气引射周围的气体，使炉内的气体循环量增加。增加循环量一般可达原来流量的10倍以上，对炉内气体的搅拌作用十分强烈，使炉内的温差缩小，炉温分布均匀，并且由于烟气和钢板间相对速度增加，传热速度提高，燃耗降低。因此保证高速烧嘴喷出气流的速度是使用脉冲燃烧控制方式保证炉温均匀性、提高热效率的重要前提。

脉冲燃烧使用的高速烧嘴燃烧技术主要特点是烧嘴喷出的高速烟气能卷吸炉内的气体，形成强烈的循环流，进而改善炉内传热和温度均匀性。它基本遵循如下规律[33]：

（1）气流的扩张角基本遵循紊流自由射流规律，约为22°，与气流的速度无关；

（2）气流中心的速度与喷射的距离成反比；

（3）气流中心的温度取决于烧嘴喷出焰气与炉内温度差值，与喷射的距离成反比；

（4）气流横截面上的温度、浓度和速度的变化大致符合下式：

$$\frac{\Delta T}{\Delta T_\phi} = \frac{\Delta C}{\Delta C_\phi} = \sqrt{\frac{v}{v_\phi}} = 1 - \left(\frac{r}{R_x}\right)^{1.5} \tag{3-1}$$

式中 r，R_x——分别为该横截面上某点至射流中心的距离和射流半径；

ΔT，ΔC——分别为该横截面上某点与周围介质的温度差和某组分的浓度差；

ΔT_ϕ，ΔC_ϕ——分别为该横截面中心与周围介质的温度差和某组分的浓度差；

v，v_ϕ——分别为该横截面上某点的速度和该横截面的中心速度。

图3-1所示为烧嘴喷出高速烟气卷吸炉内气体及速度衰减的情况。

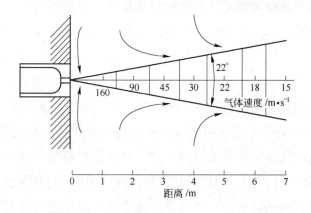

图 3-1 烧嘴喷出高速烟气卷吸炉内气体及速度衰减示意图

（5）气流的流量 q_r/q_{r0} 与喷射距离 L/d_0 成正比，斜率为0.35左右。其中 q_r 为喷射气流流量，q_{r0} 为烧嘴喷出的烟气量，L 为喷射距离，d_0 为喷口直径。

假设烧嘴的喷口直径为0.07m，喷速为60m/s，炉宽为2m，到达其对面炉墙时，射流流量为 $q_r = 0.35 \times 2/0.07 \times q_{r0} = 10q_{r0}$。若喷速提高至120m/s供热不变，喷口直径须缩小为0.0495m，到达对面炉墙时的射流量为 $q_r = 0.35 \times$

$2/0.0495 \times q_{r0} = 14.14q_{r0}$。由于循环流的流量等于射流流量减去烧嘴喷出的烟气量，因此喷速 60m/s 时循环流的流量为 $9q_{r0}$，喷速 120m/s 时循环流的流量为 $13.14q_{r0}$。

由上述计算可见，气流喷射速度越大，循环流流量增加越多，炉内温度越均匀。同时也可知，如果烧嘴的烟气喷出量 q_{r0} 增加，即烧嘴的供热量增加，则循环流量也增加。如果烧嘴的供热量下降，回流量亦按比例下降。当烧嘴的供热量下降致使喷出烟气的流动处于过渡流或层流状态时，卷吸作用会大幅度衰减，回流基本消失，最终导致炉内温度均匀性大幅度下降。

3.2.1.3　脉冲燃烧控制原理

脉冲燃烧控制的基本思路是固定烧嘴燃料（燃气）阀和空气阀的开口度在最佳位置，通过控制烧嘴燃烧个数和燃烧、熄灭的时间来控制燃烧的燃料（燃气）量，达到控制炉温的目的。炉内温度分布的均匀性由烧嘴的脉冲循环燃烧来保证。由于烧嘴的燃料（燃气）阀门和空气阀门已事先调节到最佳空燃比所在开度，因此这种方法可以实现最佳燃烧。

脉冲燃烧控制理论的总体结构如图 3-2 所示。脉冲燃烧控制器是炉温控制的核心，它主要由负荷控制单元和脉冲时序控制单元组成。与常规燃烧控制的区别是，脉冲燃烧在控制回路中增加了脉冲时序控制单元用以产生脉冲信号。生成的脉冲信号可以使燃料（燃气）和空气从连续量控制方式转换为开关量控制方式。

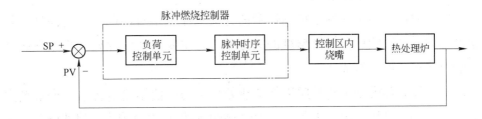

图 3-2　脉冲燃烧控制总体结构图

（1）负荷控制单元

用于对实测温度和设定温度处理，计算当前负荷需求量。尽管随着控制理论与控制技术的不断发展，许多先进控制方法不断推出，但在工程实际应用中，负荷调节单元仍是以 PID 控制方式为主，其输入和输出的关系如下：

$$u(t) = K_p \Big[e(t) + \frac{1}{T_I} \int e(t)\,dt + T_D \frac{de(t)}{dt} \Big]$$

式中　$u(t)$——PID 调节器的输出信号；

　　　　$e(t)$——偏差信号；

　　　　K_p——PID 调节器的比例系数；

　　　　T_I——PID 调节器的积分时间系数；

　　　　T_D——PID 调节器的微分时间系数。

写成拉氏变换的形式为：

$$U(s) = K_p \Big(1 + \frac{1}{T_I s} + T_D s \Big) E(s)$$

在计算机控制系统中，使用的是数字 PID 的形式，因此要把 PID 控制算式离散化。数字 PID 的离散形式为：

$$u(k) = K_p \Big\{ e(k) + \frac{T}{T_I} \sum_{j=0}^{k} e(j) + \frac{T_D}{T} [e(k) - e(k-1)] \Big\}$$

$$= K_p e(k) + K_I \sum_{j=0}^{k} e(j) + K_D [e(k) - e(k-1)]$$

式中　K_p——比例系数；

　　　　K_I——积分系数，$K_I = K_p \dfrac{T}{T_I}$；

　　　　K_D——微分系数，$K_D = K_p \dfrac{T_D}{T}$。

（2）脉冲时序控制单元

脉冲时序控制单元用于控制烧嘴的开关顺序和燃烧时间。它是保证炉膛温度均匀性、影响炉温控制精度的关键单元，主要由非线性处理模型和脉冲燃烧时序控制模型组成。

非线性处理模型主要是用于保证热处理炉的可使用输出功率（即烧嘴点火燃烧和停止燃烧时的燃烧率），防止烧嘴的频繁点火及熄火，浪费能源和缩短脉冲阀的寿命。其非线性变换关系为：

$$f_0(t) = \begin{cases} 0 & |p(t)| < D_0 \\ p(t) & D_0 < |p(t)| < D_1 \\ \mathrm{sgn}[p(t)]f_{max} & |p(t)| > D_1 \end{cases}$$

式中 $f_0(t)$ ——非线性处理后时序控制模型输入量；

$\quad\quad f_{max}$ ——控制量的最大允许值。

当 $|p(t)| > D_1$ 时，说明系统输出偏差很大，应该将所有烧嘴打开；当 $D_0 < |p(t)| < D_1$ 时，采用负荷控制单元的输出作为输入进行控制，可以保证有较好的动态特性及控温精度；当 $|p(t)| < D_0$ 时控制输入为零（死区），不加热也不冷却，并且延时一段时间，防止加热与冷却转换过于频繁。这段延时时间可以保证以前加入的燃料（燃气）充分燃烧。

脉冲燃烧时序控制模型的作用是根据负荷控制单元计算出的负荷需求，求出烧嘴开关时序和燃烧、熄灭时间，进而输出时序信号。在脉冲燃烧控制中，烧嘴点燃是由时序脉冲信号触发，燃烧时间是由时序控制模型根据炉温偏差决定。合理的时序脉冲信号和脉冲持续时间是由脉冲燃烧时序控制模型来分配的。因此，建立适合的脉冲燃烧时序控制模型是脉冲燃烧控制需要解决的关键性技术问题[34,35]。

3.2.2 脉冲燃烧的时序控制模型研究

设高温固溶炉内某区有 N 个烧嘴，炉内热量均匀分布，烧嘴布置如图 3-3 所示。

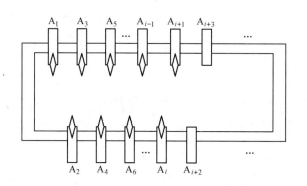

图 3-3 某加热区烧嘴布置示意图

1 个烧嘴燃烧时的温度为 T_1，2 个烧嘴燃烧时的温度为 T_2，…，N 个烧嘴燃烧时的温度为 T_N。则在钢板加热需求炉温为 T 介于 T_i 和 T_{i+1} 之间时，同时需求的烧嘴数量 M 也介于 i 和 $i+1$ 之间。M 个烧嘴的燃烧可以有多种组合，假设我们让第 $1 \sim i$ 号烧嘴一直燃烧，通过调节 $i+1$ 号烧嘴开关时间来控制炉温到达所需炉温，其脉冲时序如图3-4所示。这种策略在炉内热量均匀分布的假设下是合理的，但实际生产中炉内热量是随烧嘴燃烧熄灭变化的，如按照这种策略显然会造成钢板加热不均。脉冲时序控制是否合理直接影响炉温控制精度及炉温均匀性，因此有必要对脉冲燃烧时序控制进行深入研究。

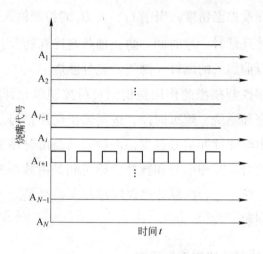

图3-4　烧嘴燃烧时序图

荣莉等[36,37]建立了积分式脉冲燃烧时序控制模型，它是以PID输出$f_0(t)$作为脉冲时序控制单元的输入，经过时序控制单元产生一个脉冲时序列。设t_1表示第一个脉冲出现的时刻，t_i表示第i个脉冲出现的时刻，t_i由下式决定：

$$U_0 = \int_{t_{i-1}}^{t_i} f_0(t)\,dt \tag{3-2}$$

式中，$i = 1$、$2\cdots$，$t_0 = 0$；U_0为正常数，代表的物理意义为每一个烧嘴打开时燃料（燃气）的给进量。U_0一般选择最大开度的80% ~ 100%，这时烧嘴的燃烧状态最好。

这种积分式策略的原理是[38]：PID输出$f_0(t)$进入脉冲时序控制单元后，按式（3-2）对$f_0(t)$进行积累。当式（3-2）成立时，在t_2时刻产生的脉冲触发第2个烧嘴，同时燃烧T_{on}时刻后关闭。依次类推，t_N时刻触发第N个烧嘴，循环进行控制，如图3-5所示。

由于每个烧嘴打开时的燃料给进量均是U_0不变的，因此可促使燃料（燃气）与空气能充分混合达到最佳状态。每个烧嘴被触发点燃后的持续燃烧时

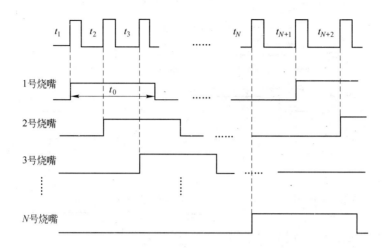

图 3-5 烧嘴工作时序

间为 T_{on}，一般取加热炉时间常数的 $1/20 \sim 1/30$，也可根据烧嘴的特性和实际工艺情况而定。U_0 和控制器输出的最大负荷需求 f_{max} 应满足关系式（3-3）。即当控制器输出最大值时，烧嘴间触发间隔时间为 $t_i - t_{i-1} = \dfrac{T_{on}}{N}$，以保证在 T_{on} 时间内让所有烧嘴均打开一次，使炉窑的燃料量加到最大，炉温快速上升，迅速减小偏差。

$$\frac{U_0}{f_{max}} = \frac{T_{on}}{N} \tag{3-3}$$

这种时序控制方法的主要思想就是固定每个烧嘴燃料阀门和助燃空气阀门的开口度以及每个烧嘴被触发点燃后持续燃烧的时间 T_{on}，然后通过式（3-2）计算不同烧嘴的打开时刻，来控制燃料量和风量，从而达到控制炉温的目的。这种脉冲时序控制虽然能够实现烧嘴的时序控制，但是由于 $f_0(t)$ 是时变的，对其需要进行积分计算，数学求解较为复杂。尤其是在烧嘴数量较多的大型炉中，其需要的计算量很大。为使脉冲燃烧控制更好的应用于明火高温固溶炉中，这里基于比例法计算烧嘴间点火时序。

在脉冲燃烧控制中烧嘴燃烧、熄灭具有明显的脉冲特征。这里将烧嘴燃烧时间 T_{on} 定义为脉冲持续时间，即脉宽；烧嘴熄灭时间 T_{off} 定义为脉冲消隐时间；两者之和 T 定义为烧嘴燃烧的脉冲周期，如图 3-6 所示。烧嘴燃烧时间 T_{on} 与脉冲周期 T 的比值为占空比，用 ϕ 表示。

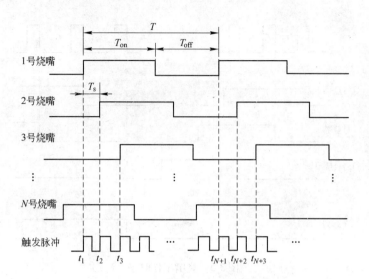

图 3-6 基于比例法的烧嘴间点火时序示意图

基于比例法的脉冲时序控制是以负荷控制器输出的负荷需求量与占空比成正比例关系为基础，进而计算出脉冲燃烧周期 T，求得烧嘴间点火间隔时间 T_s。因为负荷控制器输出的负荷需求量与占空比成正比例关系，所以：

$$\phi = \frac{T_{on}}{T} = kf_0(t) \tag{3-4}$$

式中　k——比例系数。

又因为烧嘴间的燃烧间隔时间 T_s：

$$T_s = t_i - t_{i-1} = \frac{T}{N}$$

所以有

$$T_s = \frac{T_{on}}{N\phi} = \frac{T_{on}}{kNf_0(t)}$$

由式（3-4）可以推导出：

$$T_{on} = \phi T = kf_0(t)T \tag{3-5}$$

$$\Rightarrow \quad T_{off} = T - T_{on} = (1 - \phi)T = (1 - kf_0(t))T \tag{3-6}$$

$$\Rightarrow \quad \frac{T_{on}}{T_{off}} = \frac{\phi}{1 - \phi} = \frac{kf_0(t)}{1 - kf_0(t)} \tag{3-7}$$

定义烧嘴燃烧数量 M 与烧嘴总量 N 的比值为负荷投入率 λ，则当负荷需求最大时，负荷投入率应为 $\lambda = N/N \times 100\%$，此时 N 个烧嘴在 T_0 时间内同时开启有

$$\lambda = 100\% = kf_0(t) = \phi$$

稳态时最高炉温为 y_N，则：

$$T_s = \frac{T_{on}}{N\phi} = \frac{T_{on}}{N\lambda} = \frac{T_{on}}{N} \tag{3-8}$$

当 $\lambda = (N-1)/N$ 时，$T_s = T_{on}/(N-1)$，$N-1$ 个烧嘴同时燃烧，稳态时最高炉温为 y_{N-1}；

当 $\lambda = (N-2)/N$ 时，$T_s = T_{on}/(N-2)$，$N-2$ 个烧嘴同时燃烧，稳态时最高炉温为 y_{N-2}；

……

当 $\lambda = (N-M)/N$ 时，$T_s = T_{on}/(N-M)$，$N-M$ 个烧嘴同时燃烧，稳态时最高炉温为 y_{N-M}；

当 $\lambda = 1/N$ 时，$T_s = T_{on}$，只有 1 个烧嘴燃烧，稳态时最高炉温为 y_1；

故当 λ 在 $[(N-M-1)/N,(N-M)/N]$ 内变化时，稳态炉温也应在区间 $[y_{N-M-1},y_{N-M}]$ 内。

由式(3-5)～式(3-7)可看出，只要固定脉冲持续时间 T_{on}、脉冲消隐时间 T_{off} 和脉冲周期 T 中的任意一个变量，即可求出其他两个变量，从而得到烧嘴间点火间隔时间，实现烧嘴燃烧的时序控制。按脉冲周期 T 是否固定，可将实现脉冲时序控制的模型分为定周期和变周期两种类型，其中变周期时序控制，又可分为定脉冲持续时间型和定脉冲消隐型。

3.2.3 脉冲燃烧时序控制的稳态温度偏差分析

脉冲燃烧控制方式虽然较常规燃烧方式有很多优点，但也必然会存在理论上的控温偏差或者温度波动。下面采用数学方法对这种偏差产生的原因进行分析。

3.2.3.1 高温固溶炉的传递函数

高温固溶炉是一个分布参数系统，分布参数系统具有无穷多个微分容积。通常温度控制回路中的各个时间常数是难以辨识，而且各容积之间不可避免

地存在相互作用，同时由于分布时滞的存在也使人们难以准确预估回路的性能。但另一方面容积之间的相互作用改变了各自容积的时间常数，使大的时间常数增大，使小的时间常数减小。其中较大的成为起主导作用的时间常数，而较小的结合在一起，等效成为一个纯滞后。因此在许多的过程控制文献中，热处理炉的传递函数用一个或两个惯性环节串联加纯滞后环节来描述[39]：

$$G(s) = \frac{Ke^{-\tau_s}}{Ts + 1}$$

$$G(s) = \frac{Ke^{-\tau_s}}{(T_1 s + 1)(T_2 s + 1)}$$

由脉冲燃烧控制器的结构可知，温度偏差函数 $p(t)$ 越大，单位时间触发的烧嘴的个数就越多，进入高温固溶炉的负荷需求就越大。进入高温固溶炉的负荷需求 $Q(t)$ 与温度偏差函数 $p(t)$ 之间的关系可以近似描述如下：

$$\frac{Q(s)}{p(s)} = \frac{K[e(t)]e^{-\tau[e(t)]s}}{T[e(t)] + 1}$$

上式描述了时序发生器的控制作用，其中 $K[e(t)]$，$\tau[e(t)]$，$T[e(t)]$ 是时变的，从形式看等价于一个变参数的低通滤波器。随着 $p(t)$ 的增大，$\tau[e(t)]$，$T[e(t)]$ 减小，滤波作用减弱。当 $p(t) = f_{max}$ 时，$\tau[e(t)] = 0$，$T[e(t)] = 0$，系统等价于一个放大环节。

3.2.3.2　稳态温度偏差分析

按比例法建立的脉冲时序控制模型在控制烧嘴燃烧过程中，当前烧嘴与下一烧嘴点火必须间隔 T_s 时间才能有脉冲产生，从而点燃烧嘴，这样势必会造成在 $[T_i, T_{i+1}]$ 时间内控制输入不及时，从而出现偏差。

设脉冲燃烧控制器控制 N 个烧嘴，每个烧嘴的功率相同且单位时间燃烧燃料量相等，公式 $G(s) = K_1 e^{-\tau_1 s}/(T_1 s + 1)$ 为炉子的传递函数。假设稳态时高温固溶炉负荷投入率为 $\lambda \in [(M-1)/N, M/N]$，即温度处于 $M-1$ 个烧嘴和 M 个烧嘴同时燃烧的稳态温度之间。此时的燃烧时序图如图3-7所示。

λ 负荷下燃烧时，图3-7对应的燃料总量时序如图3-8所示。

从图3-7和图3-8中可以看出：

$$T'_{\text{off}} = MT_{\text{s}} - T_{\text{on}}$$

$$T'_{\text{on}} = T_{\text{on}} + T_{\text{s}} - MT_{\text{s}} = T_{\text{on}} - (M-1)T_{\text{s}}$$

$$T' = T'_{\text{on}} + T'_{\text{off}} = T_{\text{s}}$$

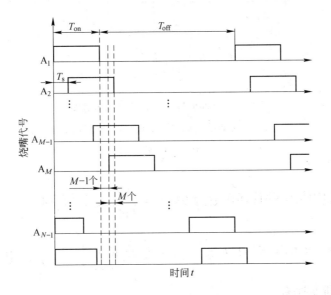

图 3-7　烧嘴工作时序图

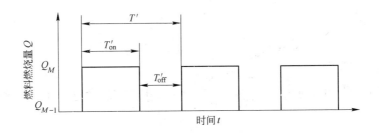

图 3-8　燃烧燃料总量的时序图

　　设定值与实测值存在较小偏差时，控制输入不能随时连续调节消除其偏差，只能在前一烧嘴点火后 T_{s} 时间，相应地打开下一烧嘴。这样就会造成负荷需求燃料（燃气）量与实际燃料（燃气）量的偏差，从而出现如图 3-9 所示的稳态误差。

　　在 $\lambda \in \left[(M-1)N, M/N\right]$ 时，最大偏差为 $\bar{p}$，它所产生的最大稳态温度偏差计算如下。

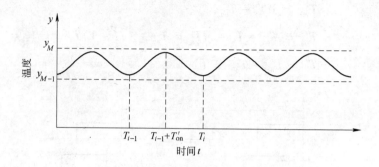

图 3-9 脉冲燃烧控制温升曲线示意图

T_{i-1}，T_i—烧嘴间点火间隔时间；y_M—M 个烧嘴燃烧温度；

y_{M-1}—$M-1$ 个烧嘴燃烧温度

由于高温固溶炉的传递函数为 $G(s) = \dfrac{K_1 e^{-\tau_1 s}}{T_1 s + 1}$，所以有

$$Y(s) = G(s)R(s) = \frac{K_1 e^{-\tau_1 s}}{T_1 s + 1} \times \frac{q}{s} = K_1 q\left(\frac{1}{s} - \frac{T_1}{T_1 s + 1}\right)e^{-\tau_1 s}$$

取反拉斯变换有

$$y(t) = K_1 q(1 - e^{-t/T_1})\varepsilon(t - \tau_1)$$

所以

$$\max\left|y_{\max} - y_{\min}\right| = K_1 q(1 - e^{-T'_{on}/T_1})$$

由于 $e^{-T'_{on}/T_1} = 1 - \dfrac{T'_{on}}{T_1} + \dfrac{T'^2_{on}}{2T_1^2} - \dfrac{T'^3_{on}}{6T_1^3} + \cdots$，其中 T'_{on} 要远小于 T_1，故上式可化为

$$\max\left|y_{\max} - y_{\min}\right| = K_1 q(1 - e^{-T'_{on}/T_1}) \approx K_1 q\frac{T'_{on}}{T_1}$$

所以，$\lambda \in [(M-1)N, M/N]$ 时的稳态温度偏差为

$$\Delta y = K_1 q\frac{T'_{on}}{T_1} = K_1 q\frac{T_{on} - (M-1)T_s}{T_1} = K_1 q\frac{T_{on}}{T_1} \times \left(1 - \frac{M}{N\lambda} + \frac{1}{N\lambda}\right)$$

$$(3\text{-}9)$$

由此可见，对于烧嘴数量固定的炉区来说，定脉冲持续时间型脉冲时序

控制模型中，时间常数 T_1 越大，每个烧嘴脉冲持续燃烧时间 T_{on} 越短，稳态温度偏差越小。

在采用定脉冲消隐时间和定周期类型的脉冲时序控制模型时，稳态温度偏差根据式(3-5)~式(3-7)和式（3-9）计算可得：

（1）定脉冲消隐时间时：

$$\Delta y = K_1 q \frac{T_{on}}{T_1} \times \frac{N\lambda - M + 1}{N\lambda} = K_1 q \frac{T_{off}}{T_1} \times \frac{\lambda}{1 - \lambda} \times \frac{N\lambda - M + 1}{N\lambda}$$

$$= K_1 q \frac{T_{off}}{T_1} \times \frac{N\lambda - M + 1}{N(1 - \lambda)}$$

由于炉区内烧嘴数量固定，所以时间常数 T_1 越大，脉冲消隐时间 T_{off} 越短，稳态温度偏差越小。

（2）定脉冲周期时：

$$\Delta y = K_1 q \frac{T_{on}}{T_1} \times \frac{N\lambda - M + 1}{N\lambda} = K_1 q \frac{\lambda T}{T_1} \times \frac{N\lambda - M + 1}{N\lambda} = K_1 q \frac{T}{T_1} \times \frac{N\lambda - M + 1}{N}$$

在定脉冲周期情况下，对于烧嘴数量固定的炉区有：

（1）时间常数 T_1 越大，稳态温度偏差越小；

（2）脉冲周期 T 越小，稳态温度偏差越小。

3.2.4 新型复合式脉冲燃烧时序控制模型建立

实现脉冲燃烧控制的核心是时序控制模型的正确建立。在炉子一定的情况下，T_1 为定常数。由 2.3 节的脉冲燃烧稳态误差分析可知：定周期和变周期型时序控制模型与炉温控制精度的关系均与各自固定的模型参数（脉冲周期 T、脉冲持续时间 T_{on} 和脉冲消隐时间 T_{off}）相关。参数的选取直接影响脉冲燃烧控制的使用效果。

定周期、定脉冲持续时间和定脉冲消隐时间三种时序控制模型在实现脉冲燃烧控制中分别希望 T、T_{on} 和 T_{off} 越小越好，但其必须考虑硬件设备的限制。大部分脉冲燃烧控制系统采用如图 3-10 所示的烧嘴控制器（BCU）。

烧嘴控制器的工作原理如图 3-11 所示：控制器接收到脉冲燃烧时序控制

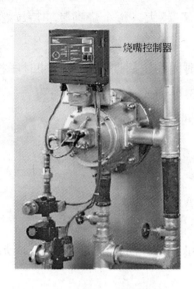

图 3-10 烧嘴及其控制单元

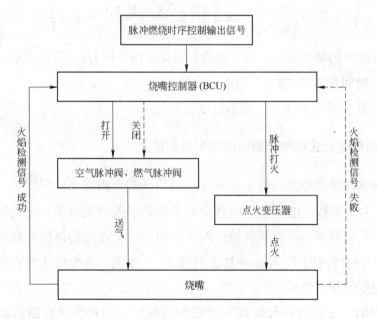

图 3-11 烧嘴控制器工作原理简图

信号时，打开燃气和空气阀，使燃气和空气进入烧嘴，然后通过点火电极打火触发燃气在烧嘴内燃烧。当燃气被成功点燃时，火焰监测会反馈点火成功信号，反之点火失败。点火失败时控制器关闭燃气和空气阀门，从而切断气体供应、保证炉子安全。点火过程中，脉冲阀本身的动作时间一般为 1~2s，火检信号即点火是否成功信号的反馈需要十几秒的时间。因此，输出脉冲持续时间必须大于火检信号反馈时间。在高负荷时，为了避免阀门出现频繁开关动作的情况，最小脉冲消隐时间受限。

假设最小脉冲持续时间和最小脉冲消隐时间均取 15s，非线性处理模型中 D_0 取 3%、D_1 取 95%。按此条件分别对应用三种时序控制模型实现脉冲燃烧控制进行分析：

（1）定脉冲周期型。在较小负荷 3% 时，脉冲周期受最小脉冲持续时间限制，最小只能取 500s。在较大负荷 95% 时，脉冲周期必须大于 300s。综合考虑采用这种时序控制模型时，脉冲周期只能取 500s 才能实现最优脉冲燃烧。

（2）定脉冲持续时间型。采用这种模型时，在较小负荷下其参数选取不受限制，脉冲持续时间可以取 15s。但当其负荷超过 50% 时，脉冲持续时间不能再取 15s，否则计算的最小脉冲消隐时间要小于要求的 15s。因此，必须提高脉冲持续时间的取值。按极限负荷 95% 计算，脉冲持续时间须大于（300－15）s，即 285s。综合考虑采用这种时序控制模型时，脉冲持续时间只能取 285s 才能实现最优脉冲燃烧。

（3）定脉冲消隐时间型。采用这种模型时，在较大负荷下其参数选取不受限制，脉冲消隐时间可以取 15s。但当其负荷小于 50% 时，脉冲消隐时间不能再取 15s，否则计算的最小脉冲持续时间要小于要求的 15s。因此，必须提高脉冲消隐时间的取值。按极限负荷 3% 计算，脉冲消隐时间须大于（500－15）s，即 485s。综合考虑采用这种时序控制模型时，脉冲消隐时间只能取 485s 才能实现最优脉冲燃烧。

从上述分析可见，不论使用三种时序控制模型中的哪一种实现脉冲燃烧控制，受硬件限制，模型参数都无法取得最优值。但定脉冲持续时间型与其他两种相比，在低负荷（小于 50%）情况时，明显可以取得较高的控温精度；定脉冲消隐时间型与其他两种相比在高负荷（大于 50%）情况时，也可以取得较高的控温精度。因此若将这两种时序控制模型结合，会取得更好的效果。

设 η 为热负荷影响系数，取值为 0%~100%。负荷需求低于 η 为低负荷，

高于 η 为高负荷。在低负荷时采用定脉冲持续时间型，高负荷时采用定脉冲消隐时间型，这种复合式模型的形式如式(3-10)~式(3-13)所示。新建的脉冲燃烧时序控制模型结合了两种时序控制模型的优势，可以将控温精度控制在较高水平。

$$T_{on} = \begin{cases} T_{on\_min} & f_0(t) \leqslant \eta \\ kf_0(t)T_{off\_min}/(1 - kf_0(t)) & f_0(t) > \eta \end{cases} \tag{3-10}$$

$$T_{off} = \begin{cases} (1 - kf_0(t))T_{on\_min}/kf_0(t) & f_0(t) \leqslant \eta \\ T_{off\_min} & f_0(t) > \eta \end{cases} \tag{3-11}$$

$$T = T_{on} + T_{off} \tag{3-12}$$

$$T_s = \frac{T}{N} \tag{3-13}$$

式中 T_{on_min}——最小脉冲持续时间，s；

T_{off_min}——最小脉冲消隐时间，s；

N——所控制炉区内烧嘴数量。

3.2.5 脉冲燃烧时序控制模型的测试及应用

测试设备为酒钢新建的明火加热辊底式高温固溶炉，炉体结构如图 3-12 所示。热处理炉总长 90.4m，炉膛有效宽度 3.6m，炉膛内高 2.3m。高温固溶炉沿炉长度方向上下分为两部分，每部分划分为 14 个温度检测区，全炉共 28 个温度控制段。每段配置两支 S 形热电偶，双层保护管，内层为 $\phi16mm$ 刚玉，外层为 $\phi25mm$ 的 GH3039 材质。全炉共配置 211 个烧嘴，分别布置在炉

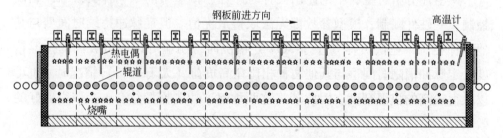

图 3-12 炉体结构示意图

辊上下，在炉墙两侧相对排列安装。

3.2.5.1 模型参数对温度控制的影响测试

选择空炉进行升降温操作，选取炉内第7区和第15区作为试验对象。实验测试温度分别为400℃、800℃和1100℃，通过PLC中的脉冲燃烧控制程序进行控制。脉冲燃烧控制程序组成原理见图3-2。其中负荷控制单元采用PID控制方式，脉冲时序控制单元采用新型复合式时序控制模型。为降低相邻区域的影响，相邻区域保持恒定输出不变。试验过程中，系统每250ms自动记录脉冲燃烧过程中的温度、脉冲持续时间、脉冲消隐时间和脉冲频率等参数。

A 温度控制精度

对不同温度和模型参数下的控温精度进行了统计，结果见表3-1和图3-13。

表3-1 不同温度和模型参数下的控温精度

测试温度/℃	负荷输出[①]/%	脉冲持续时间/s	脉冲消隐时间/s	控温精度/℃
400	$< \eta$	15	60	±3
		35	140	±7
		55	220	±9
800	$< \eta$	15	34	±2
		35	78	±5
		55	123	±9
1100	$> \eta$	20	15	±1
		47	35	±3
		75	55	±7

① η 为热负荷影响系数。

从表3-1中的测试结果可以看到：炉温在400℃和800℃达到稳定状态时，区域内烧嘴的负荷输出小于负荷影响系数，定脉冲持续时间型时序控制模型起作用，设定的脉宽越短，控温精度越高。炉温在1100℃达到稳定状态时，区域内烧嘴的负荷输出大于负荷影响系数，定脉冲消隐时间型时序控制模型

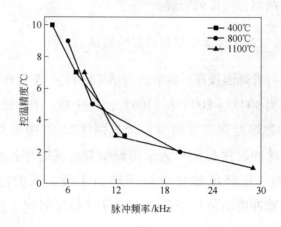

图 3-13　脉冲频率与控温精度的关系

起作用，设定的脉冲消隐时间越短，控温精度越高。这与前节中脉冲燃烧控制的控温精度分析结果一致。

图 3-13 中脉冲频率是脉冲周期（脉冲持续时间与脉冲消隐时间之和）的倒数，从图中可以看到，恒温条件下，脉冲频率越高，控温精度越高。

B　温度响应速度

为测试所建脉冲燃烧时序控制模型对温度干扰的响应能力和模型的稳定性，在1050℃时，将304不锈钢板快速入炉。当钢板进入3号控制段时，对控制段内的温度进行采样。为进行对比，分别应用定脉冲持续时间型（定脉宽变周期型）和新型复合式两种时序控制模型实现了脉冲燃烧控制，测试结果见表3-2。

表3-2　温度响应速度对比

测试序号	最大超调量/%		调节时间/s	
	定脉宽变周期型	新型复合式	定脉宽变周期型	新型复合式
1	1.9	1.2	15	7
2	2.3	1.4	14	5
3	2.2	1.3	14	8

从试验结果看，新型复合式时序控制模型实现的脉冲燃烧控制响应较快，抗干扰能力较强。

3.2.5.2 应用脉冲燃烧时序控制的高温固溶炉加热质量

基于新型复合式时序控制模型的脉冲燃烧控制成功地应用于在线实际生产，成为了 RAL 中厚板高温固溶炉燃烧控制系统的核心模块。图 3-14 是应用

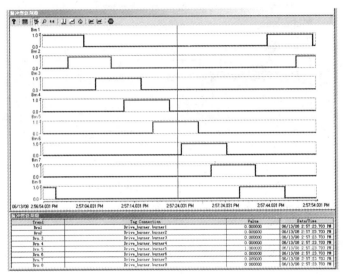

a

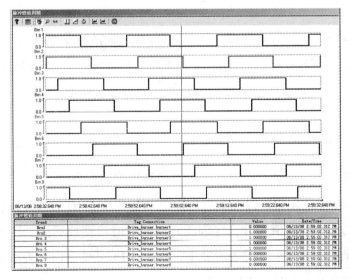

b

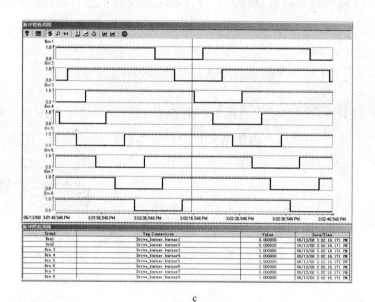

c

图 3-14　不同负荷下的脉冲时序

a—负荷需求 20%；b—负荷需求 50%；c—负荷需求 70%

新型复合式时序控制模型的脉冲输出图。

A　炉温控制精度

模型自投入运行以来，运行稳定，温度控制精度可控制在 ±3℃ 以内，有效地提高了固溶炉的自动控制水平。图 3-15 是在线生产时炉内加热段 3 区、加热段 6 区及保温段 27 区在某段时间内的温度分布情况。

B　钢板加热温度均匀性

高温固溶炉炉尾装有高温计，用于检测出炉钢板表面温度。图 3-16 为 ID 是 09012016008 的钢板经过高温计时，钢板表面温度的变化。钢板头部经过高温计时高温计检测值骤升，尾部离开高温计时检测值骤降。图中虚框标出部分即为钢板头部至尾部的表面温度。由图 3-16 可见，钢板表面温度从头部到尾部的波动小于 8℃，符合工艺要求。

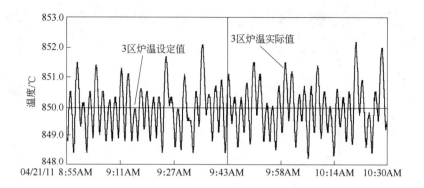

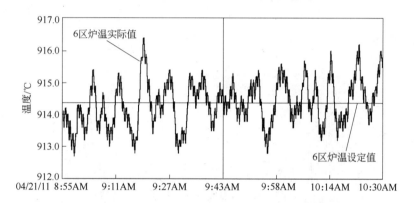

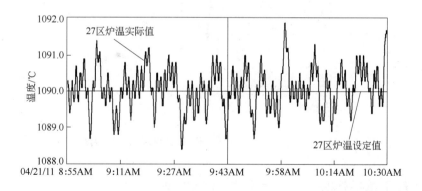

图 3-15　炉内实际温度分布

　　图 3-17 为酒钢高温固溶炉设备中，连续生产的 100 块钢板出炉时高温计检测到的表面温度的平均值。这些钢板的出炉温度要求相同。从图中可见，不同钢板间的板间绝对温差小于 8℃，优于生产工艺小于 15℃ 的要求。

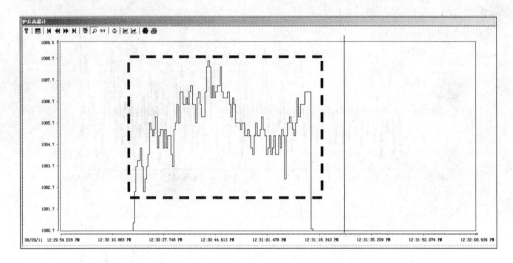

图 3-16　出炉时炉尾高温计检测的钢板表面温度

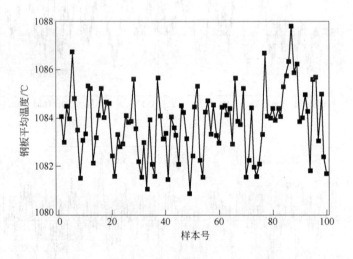

图 3-17　酒钢连续生产的 100 块钢板表面平均温度

3.3　基于总括热吸收率法的钢板加热模型

　　本节针对采用脉冲燃烧方式的高温固溶炉加热过程，分析炉膛内热交换机理，计算炉膛内总括热吸收率。结合中厚板热处理线高温固溶炉实际生产情况，建立炉膛温度计算模型。在此基础上，建立了基于总括热吸收率法的二维非对称式钢板加热计算模型，并对模型求解进行研究。此外对模型中的变物性参数进行了研究。最后利用工业测试对所建模型进行验证。

3.3.1　炉膛内热交换分析

高温固溶炉炉膛内的热交换机理相当复杂,参与交换过程的主要有四种物质:高温炉气、炉壁、辊道和被加热钢板,这四者之间热量交换过程如图3-18 所示。

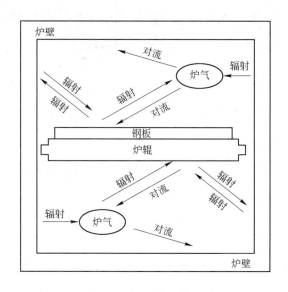

图 3-18　炉内热交换示意图

燃料燃烧所产生的炽热气体是加热炉炉膛内的热源。炽热气体以对流与辐射的方式把热量传给被加热的钢板,同时也传给炉壁和辊道。钢板、炉壁和辊道各吸收一部分热量后,把其余的反射出去。钢板吸收热量后温度升高,同时传递给了与钢板接触的辊道;而反射出来的辐射能经过炉气,被炉气吸收一部分,其余的热量透过炉气又投射到炉壁和辊道上。炉壁表面吸收一部分热量后,将其余的反射出去,而反射出去的辐射能在经过炉气时也被吸收一部分,其余的透过炉气又投射到钢板表面、炉辊和炉壁的其他部位。炉辊表面吸收的热量,一部分通过接触导热传递给钢板,另一部分又反射出去,反射出去的辐射能在经过炉气时被吸收一部分,其余的透过炉气又投射到钢板表面、其他炉辊和炉壁。它们四者之间相互进行辐射热交换,同时炉气还以对流给热的方式向炉壁、炉辊和钢板传热。炉壁以辐射方式给钢板传热,炉辊以接触导热和辐射方式给钢板传热,炉壁和炉辊在其中起一个中间物的作用。此外,炉壁和炉辊自身对外散热又损失一部分热量。可见炉膛内的热交换过程是很复杂的,辐射、对流和传导同时存在。炉内钢板加热过程中,辐射、对流和传导在不同的温度范围所占的比例不同[40]。温度高于1000℃时,辐射传热占主导地位,这时钢板所吸收的热量约90%通过辐射换热方式实现;温度为800～1000℃时,炉气与钢板之间的传热则要同时依靠对流和辐射换热;当温度在800℃以下时,对流传热随着炉温的降低成为主要传热方式。下面以钢板为研究对象,对其在炉内的热交换计算进行分析。

3.3.1.1 传导传热

中厚板加热过程中的传导传热主要包括:钢板表面热量向内部的热传导,以及高温辊道以热传导方式将一部分热量通过接触表面传给低温的钢板等。高温辊道与钢板接触热传导的传热量相对热辐射和对流传热量很少,在计算加热过程中的温升时,往往忽略钢板与辊道的传导散热,而将其综合考虑到辐射或对流换热中。

3.3.1.2 对流传热

对流换热在采用高速烧嘴的固溶炉传热中占据重要地位。当炽热气体与钢板表面发生对流换热时,由于摩擦阻力的存在,在钢板表面存在不流动的气体边界层。边界层内的热量是依靠传导方式传向钢板表面,热阻较大,传热效率很低。要强化对流给热,必须减小边界层的热阻。加大流速是使边界层厚度减小的根本措施,换言之,增强对流换热的主要途径是增大炉气的流速。炉气与钢板间的相对速度越大,钢板表面边界层越薄,传热效率越高,升温速度越快,热效率越高。同时炉气流速加快,在炉气流动方向上的温差变小,炉温均匀性提高。为增大炉气的流速,出现了称为喷流加热(或冲击加热)的技术,即将高温的气流以高速喷向被加热钢板的表面,从而大大提高对流给热量。应用脉冲燃烧控制的高速烧嘴就是采用了喷流加热技术,燃气在烧嘴内完成混合和燃烧,产生的高温气体通过烧嘴的喷口高速喷出,速度可达100m/s以上。有研究表明[40],当气流速度由20m/s增加到近200m/s时,对流给热量几乎提高了四、五倍。而且温度低的时候对流热量的传递比例更大,这也是回火热处理炉多采用高速脉冲燃烧方式的原因。在一般情况下,对流给热所占的份额不过5%，但当采取喷流加热时，对流给热可以占总传热量的65%～75%。图3-19描述的是加热气流流速与对流给热量的关系。

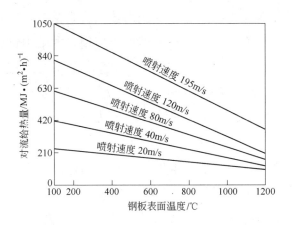

图3-19 气流流速与对流给热量的关系

它不仅说明了随着对流给热强度的加大，钢板的绝对吸收热量提高，而且还可以得知：在钢板表面温度低的情况下，对流的给热量更为显著；随着钢板温度不断提高，对流传热的比例就大为降低。

对流换热量 Q_c 和热流密度 q_c 一般用牛顿冷却公式计算，即

$$Q_c = Ah_c(T_g - T_s)$$
$$q_c = h_c(T_g - T_s)$$

式中　T_g——炉气温度，℃；

　　　T_s——钢板表面温度，℃；

　　　A——换热面积，m^2；

　　　h_c——对流换热系数，$W/(m^2 \cdot ℃)$。

钢板温度的计算过程中采用的是炉气温度。考虑 RAL 热处理炉内热电偶安装位置以及插入深度因素，认为炉气温度与炉温相等。所以有

$$q_c = h_c(T_f - T_s) \tag{3-14}$$

式中　T_f——炉温，℃。

3.3.1.3 辐射传热

在钢板加热过程中，炉墙、炉气和炉辊与钢板四者之间均存在辐射热交换，以辐射传热形式传递给钢板的热量计算较为复杂。针对明火炉的辐射传热计算，国内外学者研究较多，对其计算方法主要有：区域法（或段法）[41]、

流法、蒙特卡洛法和总括热吸收率法等。区域法、流法和蒙特卡洛法是基于区域能量平衡建立的，由于计算工作量大，一般只用于传热过程的离线分析。总括热吸收率法是为实现模型在线应用而建立，它是一种对钢板外部热交换简化的计算方法，因而在在线计算中被广泛应用。本书中钢板的辐射传热计算也采用这种方法。

根据 $q = \sigma\phi_{CF}(T_f^4 - T_s^4) = \sigma\phi_{CG}(T_g^4 - T_s^4)$，基于炉温 T_f 计算总括热吸收率，钢板表面受到热辐射传热的热流密度 q_r 为：

$$q_r = \sigma\phi_{CF}(T_f^4 - T_s^4) \tag{3-15}$$

综合钢板表面的传热分析，钢板表面所受到热流密度为辐射传热与对流传热之和，根据式（3-14）和式（3-15）有：

$$q_s = q_r + q_c = \sigma\phi_{CF}(T_f^4 - T_s^4) + h_c(T_f - T_s) \tag{3-16}$$

式中　q_s——钢板表面总的热流密度，W/m^2。

式（3-16）可化为：

$$q_s = \sigma\phi'_{CF}(T_f^4 - T_s^4) \tag{3-17}$$

式中　　　　　　　$\phi'_{CF} = \phi_{CF} + \dfrac{h_c}{(T_f^2 + T_s^2)(T_f + T_s)}$

式（3-17）将钢板的对流换热折算到辐射换热之中，是考虑了辐射和对流传热作用以后的钢板表面热流表达式。它将所有影响钢板表面传热的因素都集中反映在总括热吸收率 ϕ'_{CF} 上，所以在计算钢板温度之前必须确定钢板表面的总括热吸收率。为了研究方便，以下将 ϕ'_{CF} 称为 ϕ_{CF}，代表考虑了辐射和对流传热作用的总括热吸收率。

3.3.2　总括热吸收率的实验研究

3.3.2.1　确定总括热吸收率的方法

确定总括热吸收率 ϕ_{CF} 的方法通常有[41]：（1）理论计算；（2）基于生产统计数据计算；（3）基于实验反计算法。方法（1）是基于实现炉温即炉膛热电偶温度的模拟。有文献对理论计算方法进行了系统的研究，将辐射全交换面积的概念推广应用于电偶热端表面，在区域法的基础上建立炉温预测模型，用模型化的方法计算出的 ϕ_{CF} 的分布规律。这种方法主要针对以辐射为主的炉膛热交换。方法（2）基于生产统计数据计算，是根据生产过程中现场测试及仪表记录数据的统计结果，结合炉内传热过程的数学模型，通过分析确定模型中的相关参数，从而确定总括热吸收率。这种方法通常只能获得平均和整体意义数据，难以解决分布参数系统的问题。方法（3）是借助于"黑匣子实验"或"拖偶实验"测得已知钢板内部一点或多个点的温度及其随时间的变化，然后通过传热学原理反推钢板表面热流，从而求出总括热吸收率。因此，基于实验反计算求解 ϕ_{CF} 属于反向热传导问题或热传导过程的逆问题。

炉内热交换包括辐射和对流两部分，两部分都不能忽略。方法（1）主要是针对以辐射为主的炉膛热交换计算，如采用理论方法将对流折算到辐射换热中，要考虑到流场和温度场的耦合，从而大大增加求解难度和计算工作量，该方法在实际生产中难以实现。而方法（2）只能获得平均和整体意义数据，也不适用于本书的研究对象。因此这里采用方法（3），这种方法可以将对流换热折算到辐射换热中，使求解 ϕ_{CF} 问题简化。对基于实验反计算求解 ϕ_{CF} 问题，因其采用热电偶数量与位置的不同，求解处理方法也不同。

黑匣子实验采用热电偶数量一般较多，可以测试实验钢板任意一点的板温和炉温。根据测试结果，直接计算出钢板表面的热流密度，进而利用传热学能量守恒原理求出 ϕ_{CF}。实验钢板内部任意相邻两点间由于热传导引起的"导热热流密度" q 以及由于炉温和实验钢板表面点之间引起的"综合辐射热流密度" q_s 相等，即

$$q = q_s = \sigma\phi_{CF}(T_f^4 - T_s^4)$$

所以有

$$\phi_{CF} = \frac{q}{\sigma(T_f^4 - T_s^4)} \tag{3-18}$$

式中，q 为导热热流密度，W/m^2；q_s 为综合辐射热流密度，W/m^2。

通过多热电偶黑匣子实验可以直接计算出钢板表面热流密度。但是这种实验成本较高，而且只能应用于较厚规格钢板的测试。本书采用单支热电偶的拖偶实验测量钢板表面温度。根据炉内热电偶检测的炉温值，利用传热学反向传热求解方法计算出 ϕ_{CF}。这种方法是相当于一般温度场计算的逆运算，在淬火冷却过程的传热系数计算中较为常用[42~44]，整个迭代计算流程如图3-20所示。

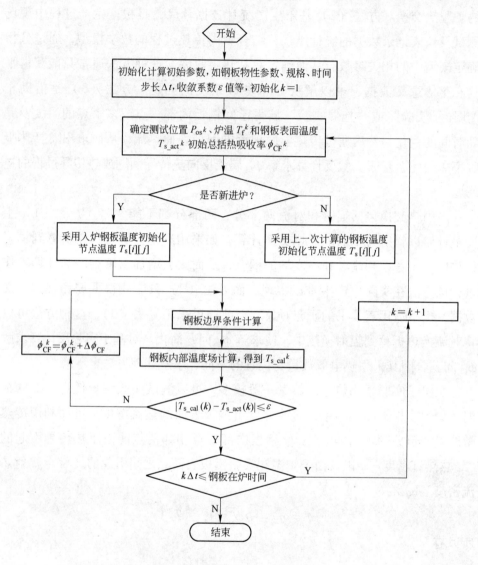

图 3-20 总括热吸收率计算流程图

3.3.2.2 高温固溶炉总括热吸收率实验

传统的火焰炉中，因为炉内气流的速度很小，传热以辐射为主，对流传热的比例很小。对于使用 150～200m/s 高速烧嘴的热处理炉，高速气流带动了炉内烟气的强烈循环，强化了炉内的对流传热。因此在炉子的传热计算中，对流传热和辐射传热同等重要。采用拖偶实验反向计算总括热吸收率的方法可以将对流换热折算到辐射换热中，使得计算更加准确。

　　针对某厂新建的 RAL 高温固溶炉的实际情况，在生产节奏正常时，对 20mm×1540mm×7500mm 的 304 不锈钢的钢板温度分布和炉温分布进行测试。通过拖偶实验确定钢板上表面温度分布情况，掌握钢板在高温固溶炉内的热状态变化情况。拖偶放置在钢板上表面的头部中心处，如图 3-21 所示。温度测量采用 ϕ5mm 的 S 形热电偶，精度为 1 级，采样速率为 0.1s。实验过程中保证被测试的加热炉处于稳定的生产工况。

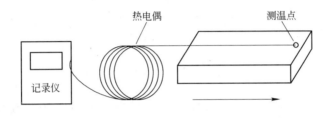

图 3-21　拖偶试验示意图

3.3.2.3　总括热吸收率的确定

　　图 3-22 为实验过程中测得的钢板上表面和炉膛温度沿炉长的变化规律。其中，炉温由炉内各区热电偶测得。

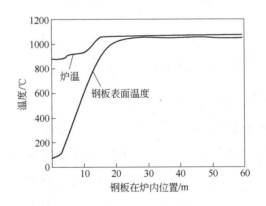

图 3-22　加热过程板温和炉温曲线

　　利用建立的拖偶实验反求总括热吸收率的反计算方法，求得高温固溶炉总括热吸收率沿炉长的分布规律如图 3-23 所示。

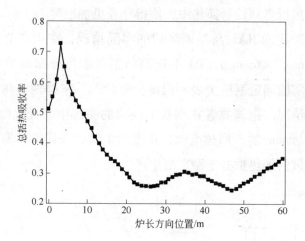

图3-23 总括热吸收率沿炉长方向的变化

从图中可以看到：总括热吸收率沿炉长方向的分布规律规律比较复杂。在入炉端预热低温段总括热吸收率值较大。随着钢板温度升高总括热吸收率逐渐变缓。在保温段，由于烧嘴数量、炉子结构的变化，总括热吸收率有小范围波动。

根据图3-23所得到的实验数据，利用Origin7.5软件对总括热吸收率曲线拟合，可以得到固溶炉的总括热吸收率沿炉长位置的计算公式：

$$\phi_{CF} = \begin{cases} 0.5124 + 0.0129X + 0.0195X^2 & 0 \leqslant X < 3 \\ 0.80495 - 0.0413X + 7.85656 \times 10^{-4}X^2 & 3 \leqslant X < 35 \\ 1.69076 - 0.06238X + 6.78815 \times 10^{-4}X^2 & 35 \leqslant X \leqslant 60 \end{cases}$$

式中，X为沿炉长方向钢板在炉内的位置，m。

确定的总括热吸收率只是针对实验工况下的总括热吸收率。其他典型工况下热吸收率的测试和计算方法与此相同。为了使控制模型对生产条件的适应性更强，依据文献［45］提出的在线应用的总括热吸收率修正理论，将在线应用的总括热吸收率表示为计算时参考的典型工况的总括热吸收率乘以一个与生产工况相关的调试系数，即

$$\phi_{CF} = k\phi_{CF}^0 \tag{3-19}$$

式中，ϕ_{CF}^0为参考工况的总括热吸收率；k为调试系数。

3.3.3 炉膛温度计算模型

沿炉长方向的每个炉段内按图 3-24 所示划分 3 个模型段，这样炉温分布曲线更详细和平滑，计算的炉内温度更加接近真实情况。

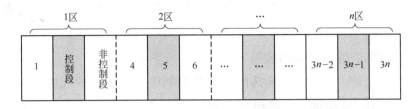

图 3-24 炉段分区示意图

对于控制模型段，炉温为各个自然炉段炉温。对于非控模型段，既要考虑本炉段内控制模型段对其影响，又要考虑本模型段自身变化趋势的影响。非控模型段计算时以本炉段内控制模型段的辐射温压为计算依据，参考自身变化值进行修正，计算式如下：

$$Q_k = T_{fk}^4 - T_{sk}^4 \qquad k = c, nc$$

$$Q_{nc} = Q'_{nc} + (Q'_{nc} - Q^0_{nc})^x$$

$$T_{fnc} = T_{fc} + f(Q_c, Q_{nc})(T_{fc} - T_{sc}) \qquad (3-20)$$

式中，Q_c、T_{fc}、T_{sc} 分别为控制模型段辐射温压、模型段炉温和钢板表面温度；Q_{nc} 为非控制模型段本周期修正后辐射温压；Q'_{nc}、Q^0_{nc} 分别为本周期修正前辐射温压和上周期辐射温压；x、T_{fnc} 分别为辐射温压修正系数和非控制模型段炉温；$f(Q_c, Q_{nc})$ 为非控制模型段炉温修正函数。

除了上述因素对非控制模型段有较大影响外，相邻模型段之间的温度耦合关系也不容忽视。设三个相邻的模型段 $i-1, i, i+1$ 的炉膛有效辐射温度为 $T_f(i)$、$T_f(i-1)$ 和 $T_f(i+1)$ 对于 i 段有：

$$T_f(i) = (1 - 2A)T_f(i) + A[T_f(i-1) + T_f(i+1)]$$

式中，A 为相邻模型段炉膛有效辐射温度的权重系数，$A = 0 \sim 0.5$。

3.3.4 基于总括热吸收率法的钢板加热模型的建立

钢板在炉内加热涉及燃料燃烧、气体流动、介质传热和氧化、脱碳等复杂的物理化学过程。此外它还与多种影响因素相关，包括钢板尺寸、钢板物性参数、钢板运动规律、炉膛尺寸、炉墙热特性、燃料种类、空燃比和炉气热特性等。由于炉膛内的热交换机理相当复杂，为了研究方便，需要进行适当的简化：

（1）由于高速烧嘴强烈搅拌炉气，可认为炉膛内介质温度沿炉宽方向均匀分布；

（2）忽略炉辊与钢板的接触导热及辐射传热影响；

（3）认为炉内参与辐射换热的介质为辐射吸收介质，炉气成分均匀，炉气、炉墙、钢板表面的黑度都视为常数；

（4）忽略钢板表面的氧化铁皮对传热的影响；

（5）考虑热电偶安装位置以及插入深度因素，近似认为炉气温度与炉温相等。

在上述假设的基础上，建立钢板加热过程在线数学模型。

3.3.4.1 钢板内部导热模型

热处理的钢板一般都较长，一块钢板可能同时处于几个加热段，加之热处理对工艺温度要求非常严格，因此钢板沿炉长方向的温度变化不可忽略。但是三维模型计算时间较长，难以在线应用，为了简化计算，得到实时计算结果，本书忽略宽度方向的温度变化。根据假设条件，钢板的内部传热可以近似为图 3-25 所示的上下两面非对称加热、前后两侧非对称加热的二维非稳态传热问题。

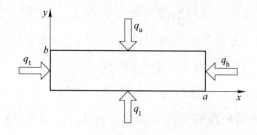

图 3-25　钢板受热状况示意图

其控制方程为：

$$\rho(T) c_p(T) \frac{\partial T(\tau, x, y)}{\partial \tau} = \frac{\partial}{\partial x}\left[\lambda(T) \frac{\partial T(\tau, x, y)}{\partial x}\right] + \frac{\partial}{\partial y}\left[\lambda(T) \frac{\partial T(\tau, x, y)}{\partial y}\right]$$

$$(3\text{-}21)$$

式中，ρ 为密度，kg/m^3；c_p 为比热容，$kJ/(kg \cdot ℃)$；λ 为导热系数，$W/(m^2 \cdot ℃)$。

相应于钢板的边界条件为：

（1）初始条件：

$$T(\tau, x, y) = T_0(x, y) ; \tau = 0, 0 < x < a, 0 < y < b$$

式中，$T_0(x, y)$ 为进炉时钢板内部的初始温度，与环境温度有关，K。

（2）边界条件：

$$\lambda(T) \frac{\partial T(\tau, 0, y)}{\partial \tau} = q_t \qquad x = 0, 0 < y < b$$

$$\lambda(T) \frac{\partial T(\tau, a, y)}{\partial \tau} = q_h \qquad x = a, 0 < y < b$$

$$\lambda(T) \frac{\partial T(\tau, x, 0)}{\partial \tau} = q_1(x) \qquad y = 0, 0 < x < a$$

$$\lambda(T) \frac{\partial T(\tau, x, b)}{\partial \tau} = q_u(x) \qquad y = b, 0 < x < a$$

式中，q_h 和 q_t 分别为钢板的前侧面热流密度和后侧面热流密度，W/m^2；q_u 和 q_1 分别为上表面热流密度和下表面热流密度，W/m^2。

3.3.4.2 炉内传热模型

根据固溶炉炉膛传热的特点，综合考虑炉衬、炉气以及炉辊对钢板传热的影响，采用总括热吸收率法计算钢板表面热流。总括热吸收率以炉温模型计算值为参考温度。于是，钢板表面的热流密度为：

$$q_u(x) = C_1 \sigma \phi_{CF}\left[T_{fu}(x)^4 - T_{su}(x)^4\right] \qquad (3\text{-}22)$$

$$q_1(x) = C_2 \sigma \phi_{CF}\left[T_{fl}(x)^4 - T_{sl}(x)^4\right] \qquad (3\text{-}23)$$

$$q_h = C_3\left[q_u(a) + q_1(a)\right] \qquad (3\text{-}24)$$

$$q_t = C_4\left[q_u(0) + q_1(0)\right] \qquad (3\text{-}25)$$

式中，ϕ_{CF} 为总括热吸收率；σ 为 Stefan-Boltzmann 常数，$\sigma = 5.67 \times 10^{-8} W/$

（$m^2 \cdot K^4$）；T_{fu}、T_{fl} 分别为钢板上表面和下表面对应的炉气温度，K；T_{su}、T_{sl} 分别为钢板上表面和下表面温度，K；C_1、C_2、C_3、C_4 为热流修正系数。

3.3.4.3 钢板温度全炉跟踪模型

温度跟踪过程是指某一块钢板从进炉开始至出炉为止整个加热过程温度计算的过程。钢板温度全炉跟踪模型的建立实时描述了钢板在整个加热过程中温度变化的规律。由于某一特定钢板在炉内的位置是随时间而变化的，为了能用数学公式描述钢板的运动，这里采用移动坐标系，即坐标系与钢板同步移动，这样钢板所处的边界条件也相应地转化为一个时变温度场问题。考虑炉内任意一块钢板 i，钢板尾部在炉内的位置 x_i 由钢板的移动速度决定：

$$x_i(v(t),t) = \int_0^t v(\tau)\mathrm{d}\tau \qquad 0 \leqslant t \leqslant t_f$$

式中，t_f 为钢板在炉时间，s；$v(\tau)$ 为钢板在 τ 时刻的运动速度，m/s。

相应于钢板跟踪模型的边界条件为：

$$\lambda(T)\frac{\partial T(\tau,x_i,y)}{\partial \tau} = q_t(x_i) \qquad x = x_i, 0 < y < b$$

$$\lambda(T)\frac{\partial T(\tau,x_i+a,y)}{\partial \tau} = q_h(x_i) \qquad x = x_i + a, 0 < y < b$$

$$\lambda(T)\frac{\partial T(\tau,x,0)}{\partial \tau} = q_l(x) \qquad y = 0, x_i < x < x_i + a$$

$$\lambda(T)\frac{\partial T(\tau,x,b)}{\partial \tau} = q_u(x) \qquad y = b, x_i < x < x_i + a$$

根据钢板温度全炉跟踪模型可以实时计算炉内任意位置的炉气和钢板温度分布，从而为模型的实时应用提供了必要条件。

3.3.5 钢板加热模型的验证及应用

3.3.5.1 模型的验证

为了验证开发的钢板加热模型的温度跟踪精度，在宝钢新建的 RAL 辊底式高温固溶炉上进行了测试。测试中对不锈钢 304L 和 316 固溶处理时的出炉温度实际值（高温计检测）与计算结果进行了取样比较，得到了图 3-26 所示的结果。

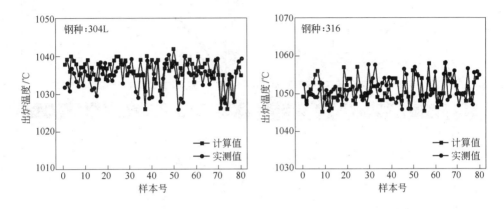

图 3-26　出炉温度的检测与计算结果对比

表 3-3 为图 3-26 偏差统计分析。从测试结果可以看出，采用本书所开发数学模型计算的钢板出炉温度与实测值的误差较小，有效样本的最大绝对误差为 9.92℃，最大相对误差仅为 0.96%，模型计算结果可以真实反映炉内钢板受热过程温度的变化。

表 3-3　出炉温度检测与计算结果误差统计

样 本 名 称	304L	316
采样钢板数量	80	80
绝对误差最大值/℃	9.92	9.56
相对误差最大值/%	0.96	0.91

综合上述试验结果可知，本书所开发的数学模型正确、可靠，能够客观、真实、有效地反映高温固溶炉的加热过程，完全可以在线实施应用。

3.3.5.2　生产现场应用情况

基于以上理论开发了高温固溶炉钢板加热温度计算模块，成功地运用于在线实际生产，成为了高温固溶炉工艺过程优化控制系统的核心模块。304、AISI 316L 钢种温度计算结果如图 3-27 所示。

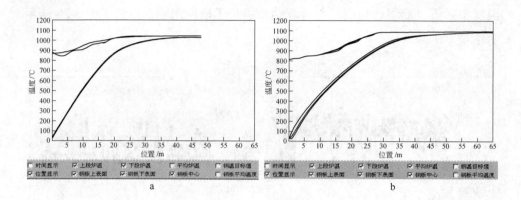

图 3-27　沿炉长方向的钢板温度实时跟踪曲线

a—304；b—AISI 316L

3.4　中厚板热处理加热过程的优化

热处理加热是中厚板生产中提高钢板使用性能的核心工艺环节，同时也是中厚板生产中耗能较高的工艺环节。加热优化是减少加热过程能耗、提高加热质量的重要手段，但与热处理相关的加热优化研究较少。本节从中厚板热处理加热过程最优控制角度对此进行了研究。

3.4.1　稳态加热过程的优化目标分析

中厚板热处理加热过程优化的实质是加热工艺制度（加热规程）的优化，由稳态优化和动态补偿两部分组成。在稳态优化研究中，优化目标的确定是一大难点，由于要满足在线应用的要求，目标模型通常不得不进行足够的简化，往往导致真实目标与模型参数完全脱耦，从而使目标失真，难以实现加热控制的最优化。加热优化控制目标的分类有很多种方法，按照所面向的对象可以分为：节能型和综合工艺节能型；按照控制模型的机理又可以分为：真实目标和替代目标；当然还有直接型和间接型的分类方法[46]。

优化加热是提高钢板热处理质量、提高产量、降低燃料消耗、减少氧化烧损的重要途径。为了保证钢板热处理时的加热效果，合理地制定热处理炉加热工艺制度很重要。加热工艺制度主要包括炉温参数、时间参数以及辊速参数。制定热处理炉加热工艺制度需要考虑到以下 6 种因素：

（1）钢板出炉表面温度。钢板加热保温完毕出炉时的表面温度越接近目标温度越好。为保证热处理加热质量，它通常不能和目标温度值偏离太大，中厚板热处理厂一般要求两者绝对偏差不大于10℃。钢板出炉时要求的温度主要根据合金成分和热处理工艺目的确定，不同成分或不同热处理工艺，出炉温度要求差别较大。

（2）保温时间。钢板保温时间距离目标值越近安全系数越高。在热处理加热过程中，钢板表面温度达到要求后，还需要保温一段时间才可以出炉，这段保温时间必须按照工艺要求严格控制。通过保温，可以使材料趋近于热力学平衡，使成分均匀、晶粒长大、应力消除和位错密度降低。保温时间主要根据合金成分和热处理工艺目的确定，不同成分或不同热处理工艺，保温时间差别较大。

（3）钢板加热速度。钢板加热速度在允许范围内越快越好。从生产率的角度考虑，希望加热速度越快越好，而且加热的时间短，金属的氧化烧损也减少，但是加热速度的提高受炉子供热能力和钢板内外允许温差的限制。钢板加热过程中，如果热应力超过了钢板的破裂强度极限，钢板的内部就要产生裂纹，所以加热速度要限制在炉子供热能力和热应力所允许的范围之内。

（4）钢板出炉断面温差。钢板出炉断面温差越小越好。出炉时的钢板断面温差要小于工艺要求，保证钢板厚度方向的加热均匀性，使组织转变充分。

（5）炉子燃料消耗量。加热过程中燃料消耗越少越好。节能是加热优化的目的之一，它可以表现为燃耗最低，也可以表现为炉温设定最低和钢板吸热最小两方面。从直观上讲，他们都反映了燃耗最小这一特点。从图3-28可

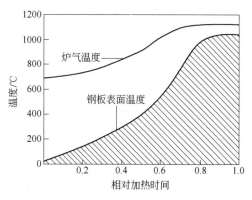

图3-28　钢板加热过程示意图

以看出钢板表面温度所围的阴影部分的面积越小，对应炉温分布则越小，钢板表面温度所围面积越小，吸热越少。图中横坐标相对加热时间等于当前加热时间除以总的在炉时间。

因此节能降耗可以用炉温极小化命题来替代[47]。炉温极小化的目标函数如下式所示：

$$J_E = \left[\sum_{k=k_0}^{k_f} T_{fset}^2(k) \right]^{\frac{1}{2}}$$

式中，J_E 为炉子燃料消耗优化目标；$T_{fset}(k)$ 为第 k 段炉温设定值；k_f 为炉子总的控制段数。

（6）钢板氧化烧损率。在实际生产中，减少钢板的氧化烧损是提高收得率、节约能源的重要措施。一般来说，钢板的氧化烧损与其表面温度、在炉时间、炉内气氛等关系密切，但真实反映氧化烧损过程的动态模型却至今没有提出。对于钢板氧化烧损的计算，国内外的学者大多提出了多种计算方法或经验公式，其中原苏联学者提出的钢板表面氧化速度与其表面温度之间的关系最为经典[48~50]，见下式：

$$\frac{dm^2}{d\tau} = k_{ox} \exp\left[-\frac{Q}{R(T+273)} \right]$$

单位面积的氧化量 m 为：

$$m = \left\{ k_{ox} \tau \exp\left[-\frac{Q}{R(T+273)} \right] \right\}^{\frac{1}{2}}$$

所以氧化烧损率 γ 为：

$$\gamma = \frac{F_m m}{\rho V_m} \times 100\%$$

式中，$k_{ox} = 560000$；$Q/R = 18000$；F_m 为钢板的表面积，m^2；V_m 为钢板的体积，m^3。

对于高温固溶炉来说，一个合理的加热工艺制度必须同时考虑这 6 个方面的影响因素。总的来说，就是要在设备允许的条件下保证热处理加热质量和降低能耗。因此，本章给出的热处理加热工艺优化方法即在一定的工艺条件下，如钢板规格、保温温度、保温时间等，最优地制定加热工艺制度使各条件都能得到满足，达到最优的工作状态。

3.4.2 基于灰色异步粒子群算法的稳态加热优化

中厚板热处理稳态加热过程优化是一个多目标优化问题。传统加热炉稳态加热优化采用的是陈海耿等[51]提出的将多目标问题通过加权求和转换为单目标问题来处理的方法，进而采用直接搜索算法进行求解。这种方法要求有很强的先验知识，对某一特定问题很有效果。随着近年现代优化算法的发展，出现了适合多目标优化问题求解的粒子群优化算法（Particle Swarm Optimization，PSO）。它是一种基于种群操作的进化计算技术，可以并行搜索空间中的多个解，并能利用不同解之间的相似性来提高其并发求解能力，所以粒子群优化算法比较适合多目标优化问题求解，在许多优化问题中都得到应用。但粒子群算法一般仅限于解决两目标问题，对高维多目标问题求解将无能为力。为此本书提出将管理领域应用较流行的解决高维多目标决策问题的灰关联分析法（Grey Relational Analysis，GRA）与进化计算 PSO 算法相结合，利用 GRA 高维多目标决策和 PSO 并发求解的能力，建立高温固溶炉的灰色粒子群优化加热模型。这为改善中厚板热处理稳态加热过程优化模型的求解性能、进行热处理炉加热优化提供了新的途径。

3.4.2.1 异步粒子群算法

A 基本粒子群算法

粒子群优化算法是 Kennedy 和 Eberhart 于 1995 年提出的一种进化计算技术，目前已经得到了广泛关注。它的基本概念源于对人工生命和鸟群捕食行为的研究。设想这样一个场景：一群鸟在随机搜寻食物，在这个区域里只有一块食物，所有的鸟都不知道食物在哪里，但是它们知道当前的位置离食物还有多远。在这种情况下，鸟群找到食物的最简单有效的策略就是搜寻目前离食物最近的鸟的周围区域。

PSO 算法就从这种生物种群行为特性中得到启发并用于求解优化问题。在 PSO 中，每个优化问题的潜在解都可以想象成 n 维搜索空间上的一个点，称之为"粒子"，所有的粒子都有一个被目标函数决定的适应值。搜索正是在这样一群随机粒子组成的一个种群中进行的。在高温固溶炉稳态加热工艺优化中，把 n 段炉温设定值编码成粒子。

PSO 的数学描述是：假设在一个 n 维的目标搜索空间中，有 m 个代表潜在问题解的粒子组成的一个种群 $S = \{X_1, X_2, \cdots, X_m\}$，其中第 i 个粒子在 n 维解空间的一个矢量点用 $X_i = \{x_1, x_2, \cdots, x_n\}$ 表示。将 X_i 代入一个与求解问题相关的目标函数就可以计算出相应的适应值。用 $p_i = \{p_{i1}, p_{i2}, \cdots, p_{in}\}$ 表示第 i 个粒子自身搜索到的最好点（所谓最好，指计算得到的适应值最小）。在这个种群中，至少有一个粒子是最好的，将其编号计为 g，则 $p_g = \{p_{g1}, p_{g2}, \cdots, p_{gn}\}$ 就是种群搜索到的最好值，其中 $g \in \{1, 2, \cdots, m\}$。而每个粒子还有一个速度变量，用 $v_i = \{v_{i1}, v_{i2}, \cdots, v_{in}\}$ 表示第 i 个粒子的速度。PSO 算法采用下面的公式对粒子进行操作：

$$v_i(k+1) = w(k)\,v_i(k) + c_1 r_1 [p_i(k) - X_i(k)] + c_2 r_2 [p_g(k) - X_i(k)]$$
(3-26)

$$X_i(k+1) = X_i(k) + v_i(k+1) \tag{3-27}$$

式中，c_1、c_2 分别为认知和社会系数，反映了一个粒子指向最好位置的程度；r_1、r_2 为 $0 \sim 1$ 之间的随机因子，通过随机因子使粒子群具备随机探索能力；$w(k)$ 为惯性权因子，用于平衡粒子群的全局搜索和局部搜索能力，进化过程中按下式线性减小：

$$w(k) = w_{\max} - \frac{w_{\max} - w_{\min}}{iter}k \tag{3-28}$$

式中，$iter$ 为最大进化代数；$w_{\max}$、$w_{\min}$ 分别为 $w(k)$ 的极限值。

式（3-26）等号右边的第一部分称为记忆项，表示上次速度大小和方向的影响；第二部分称为自身认知项，是从当前点指向此粒子自身最好点的一个矢量；第三部分称为群体认知项，是一个从当前点指向种群最好点的一个矢量，反映了粒子间的协同合作。可见粒子群算法是依据先前的速度、自身最好经验以及群体最好经验 3 个因素实现速度的更新，然后按照公式（3-27）从当前位置飞向新的位置。

B 异步粒子群算法

值得注意的是大量文献所研究的粒子群算法是同步模式，即在任何一次迭代循环中，所有的粒子都以上次循环中确定的整体认知水平 P_g 进行搜索，即便是本次循环中出现了更好的位置点。粒子群算法的同步模式并不十分合理，粒子群算法是一种基于群智能的优化技术，粒子具有高度的独立性和协同性的生物特征，这与蚁群算法 ACO 相似。基于这种生物特征，可以采用一种异步处理模式：

（1）一个 PSO 种群由多个独立的粒子组成，粒子具有自身的最好适应值、位置矢量和速度矢量等特征，并且对于搜索中的任意时刻，每个粒子行为都是并行的；

（2）粒子间共享整体最好点信息，这个共享信息具体包括整体最小适应值、相应的点位置 P_g 以及相应的粒子标号；

（3）在搜索中当任意一个粒子发现其计算的适应值小于共享信息中的最小适应值时，则将立即更新共享信息。

因为所有粒子在每次自身的循环过程中，都将利用到共享信息，所以，更新共享信息的动作就相当于广播形式通知其他粒子。通过这种广播方式，粒子可以及时获得最新的共享信息。

在单目标优化问题上粒子群算法具有良好的性能，但是该算法不能直接应用于多目标问题求解过程。因为粒子群算法在进行搜索时，需要通过跟踪个体极值 P_i 和全局极值 P_g 来更新自己的位置，以此求得最优解。单目标优化问题中这两个极值比较好确定，而在多目标优化问题中这两个极值就很难确定。灰色关联分析能较好地分析各非劣解与理想解之间的接近程度，并能掌握解空间全貌，所以这里利用灰色关联度来确定粒子群算法的个体极值 P_i 和全局极值 P_g 的选取，实现利用粒子群算法对高维多目标问题进行优化求解。

3.4.2.2　灰关联分析的基础知识

解决多目标问题的灰关联分析法是我国学者邓聚龙在 20 世纪 80 年代初原创的，是管理领域较流行的 MADM（多属性决策）方法。

A　灰色系统理论

部分信息已知、部分信息未知的系统称为灰色系统。如厚度为 50mm 的

304 钢板要求的出炉温度是 (1050 ± 10)℃，出炉钢板断面温差小于 10℃，由于出炉温度及断面温差不是一个可以确切表示的数值，炉温制度因辊速不同和钢板出炉温度及断面温差之间的关系也不完全确定。根据这一特性可将加热过程称之为具有灰色系统性质的研究对象。

灰色系统理论着重解决那些行为机制不完备、行为数据很稀少、问题处置缺乏经验、其固有内涵又不清楚的问题，早期广泛应用于经济行业和控制领域，并取得了一定的成果。近几年来，灰色系统理论中的灰色预测、控制和决策方法在控制领域和工程领域的应用不断扩展，其中灰关联分析的应用从管理领域陆续被引入工程领域，用于工程规划方案选择、工厂选址、城市生活水平综合评判、市民幸福指数的灰色评价等。

B 灰关联基本原理

灰关联分析对运行机制与物理原理不清晰或者根本缺乏物理原型的灰关联先序列化、模式化，进而建立灰关联分析模型。它是使灰关联量化、序化、显化，为复杂系统的建模提供重要的技术分析手段。其基本原理是通对统计序列几何关系的比较来分清系统中多因素间的关联程度，序列曲线的几何形状相似程度越大，则它们之间的关联度越大；反之若序列曲线的几何形状相似程度越小，则它们之间的关联度越小。

C 灰关联公理

设灰关联因子集 @$_{GRE}$ = Y = $\{y_0, y_1, y_2, \cdots, y_m\}$，其中 y_0 = $\{y_0(1),$ $y_0(2), \cdots, y_0(n)\}$ 为参考序列，y_i = $\{y_i(1), y_i(2), \cdots, y_i(n)\}$ 为比较序列。符号 $\gamma(y_i, y_j)$ 表示 y_i 和 y_j 间的关联测度。令 $\Delta_{0i}(k)$ 为 $y_0(k)$ 与 $y_i(k)$ 两点间的绝对差。灰关联公理如下[52]：

(1) 可比性条件：Y 中每一个序列，具有性质 a_i，$i = 1$，2，3，4；其中：a_1：无量纲；a_2：等数量级；a_3：一致性极性；a_4：$m \geqslant 3$。

(2) 规范区间：$0 < \gamma(y_i, y_j) \leqslant 1$；如果 $y_i = y_j$，$\gamma(y_i, y_j) = 1$；如果 y_i，$y_j \in \Phi$(空集)，$\gamma(y_i, y_j) = 1$。

(3) 整体性：如果 $m > 3$ 且 $i \neq j$，则 $\gamma(y_i, y_j) \overset{often}{\neq} \gamma(y_j, y_i)$，符号 $\overset{often}{\neq}$ "表示

经常不等于"。

（4）接近性：绝对差 $\Delta_{0i}(k)$ 越小，则关联测度越大。

（5）临域性：若关联测度满足公理（1）~（4），则关联测度与灰关联度是等价的。

在（1）~（5）中的比较信息 $\Delta_{0j}(k)$ 必须来自差异信息空间 LY_{gr}：

$$LY_{gr} = \left\{ \Delta_{0i}(k) \mid \Delta_{0i}(k) \in \left[\min_i \min_k \Delta_{0i}(k), \max_i \max_k \Delta_{0i}(k) \right] \right\}$$

D 灰关联系数和灰关联度的计算

灰关联系数是灰关联因子集中点与点之间的比较测度，其计算公式为：

$$\gamma(y_0(k), y_i(k)) = \frac{y(\min) + \xi y(\max)}{\Delta_{0i}(k) + \xi y(\max)} \tag{3-29}$$

式中，$y(\min) = \min_i \min_k \Delta_{0i}(k)$ 为两极最小差；$y(\max) = \max_i \max_k \Delta_{0i}(k)$ 为两极最大差；ξ 为分辨系数，$\xi \in [0,1]$，一般按最少信息原理取值 0.5。

从关联系数的计算来看，我们得到的是个比较序列与参考序列在各点的关联系数值。由于结果较多，信息过于分散，不便于比较，所以有必要将每一比较序列的关联系数集中体现在一个值上，这一数值就是灰关联度。

比较序列 $\boldsymbol{y}_i$ 对参考序列 $\boldsymbol{y}_0$ 的灰关联度记作 $\gamma(\boldsymbol{y}_0, \boldsymbol{y}_i)$，采用加权关联度法求解计算：

$$\gamma(\boldsymbol{y}_0, \boldsymbol{y}_i) = \sum_{k=1}^n \boldsymbol{w}_k \gamma(y_0(k), y_i(k)) \tag{3-30}$$

式中，$\boldsymbol{w}_k = \{w_1, w_2, \cdots, w_n\}$ 为各目标所占比重构成的权重向量。

3.4.2.3 加热优化的灰关联分析

灰关联分析模型不是函数模型，是序关系模型。灰关联分析着眼的不是数值本身，而是数值大小所表示的序关系。其建模步骤是获取灰关联因子集和序列间的差异信息，建立差异信息空间；计算差异信息比较测度（灰关联度）；建立因子间的序关系，进而根据因子间的排序来决策最优因子集。下面是针对中厚板高温固溶炉加热优化建立灰关联分析模型。

A 灰关联因子集

灰关联因子集是灰关联分析的基础，它由具备"可比性"、"可接近性"、

"极性一致性"的序列所构成。在固溶炉加热工艺优化过程中参与决策的目标集, 如下式所示:

$$@_{INU} = \{w_i \mid i = 1, 2, \cdots, 6\}$$

式中, w_1 为钢板出炉时表面温度; w_2 为钢板保温时间; w_3 为钢板加热速度; w_4 为钢板出炉时断面温差; w_5 为能量消耗; w_6 为钢板氧化烧损量。

$@_{INU}$ 是有量纲、不可比、序列极性非一致的。为使其满足灰关联公理对序列构成的要求, 保证建模的质量与系统分析的合理性, 对 $@_{INU}$ 必须进行数据变换和处理。这里采用文献中所介绍的上限效果测度 UEM、下限效果测度 LEM 等转换方法将 $@_{INU}$ 转换为灰关联因子集, 具体如下所述:

w_1: 钢板出炉时表面温度越接近目标温度越好, 一般要求在 $\pm u_T(℃)$ 范围内, 距离目标值越近, 安全系数越高, 构造其测度计算公式为:

$$y_i'(1) = \begin{cases} 0 & |T_p - T_p^*| > u_T \\ T_p^*/(T_p^* + |T_p - T_p^*|) & |T_p - T_p^*| \leq u_T \end{cases}$$

式中, T_p^* 为钢板出炉时的期望目标温度; T_p 为钢板出炉时的实际温度。

w_2: 钢板出炉时保温时间, 一般要求在 $\pm u_t(\min)$ 范围内, 距离目标值越近, 安全系数越高, 构造其测度计算公式为:

$$y_i'(2) = \begin{cases} 0 & |t - t^*| > u_t \\ t^*/(t^* + |t - t^*|) & |t - t^*| \leq u_t \end{cases}$$

式中, t^* 为钢板出炉时的期望保温时间; t 为钢板出炉时的实际保温时间。

w_3: 加热过程中钢板加热速度在小于 $u_s(\min/mm)$ 的允许范围内越快越好。因此其具有极大值极性, 这里采用上限效果测度法来构造其测度计算公式:

$$y_i'(3) = \begin{cases} 0 & s > u_s \\ s/s_{max} & s \leq u_s \end{cases}$$

式中, s_{max} 为目标 (3) 序列中的最大值; s 为当前加热速度。

w_4: 钢板出炉时断面温差越小越好, 一般要求小于 $u_{\Delta T}(℃)$, 其具有极小值极性, 这里采用下限效果测度法来构造其测度计算公式:

$$y_i'(4) = \begin{cases} 0 & \Delta T > u \\ \Delta T_{min}/\Delta T & \Delta T \leq u \end{cases}$$

式中，ΔT_{min} 为目标（4）序列中的最小值；ΔT 为钢板出炉时的实际断面温差。

w_5：加热过程中能量消耗越小越好，可以转化为炉温极小化问题。因此其具有极小值极性，这里采用下限效果测度法来构造其测度计算公式：

$$y_i'(5) = J_{Emin}/J_E$$

式中，J_E 为炉子燃料消耗实际值；J_{Emin} 为目标（5）序列中的最小值。

w_6：加热过程中钢板氧化烧损量越少越好，其具有极小值极性。这里采用下限效果测度法来构造其测度计算公式：

$$y_i'(6) = \gamma_{min}/\gamma$$

式中，γ_{min} 为目标（6）序列中的最小值；γ 为当前的氧化烧损率。

将目标序列 $y_i'(k)$，$k = 1,2,\cdots,6$ 作初始化，即

$$INITy_i'(k) = y_i(k)$$

即：

$$y(k) = \left\{\frac{y_1'(k)}{y_1'(k)}, \frac{y_2'(k)}{y_1'(k)}, \cdots, \frac{y_m'(k)}{y_1'(k)}\right\} \quad k = 1,2,\cdots,6 \qquad (3-31)$$

高温固溶炉加热决策目标 $@_{INU}$ 经过上述转换即可得到无量纲、可比性、极性一致性的灰关联因子集 $@_{GRE}$：

$$@_{GRE} = Y = \{y_0, y_1, y_2, \cdots, y_m\} \qquad (3-32)$$

式中，$y_i = \{y_i(1), y_i(2), \cdots, y_i(6)\}$。

B　灰关联差异信息集计算

灰关联因子集 $@_{GRE}$ 是灰关联分析的基础，而基于 $@_{GRE}$ 的灰关联差异信息空间则是灰关联分析的依据。差异信息是比较序列与参考序列差异的数字表现。因此，只有先明确参考序列与比较序列才能建立灰关联差异信息空间。公式（3-32）中 y_0 为参考序列，$y_i(i = 1,\cdots,m)$ 为比较序列。

（1）参考序列计算：参考序列采用学者邓聚龙在文献［52］第8.5节"人才管理"中提出的目标极性与制高点原理确定。由于 $@_{GRE}$ 极性一致，所以：

$$\boldsymbol{y}_0 = \{y(1)_{\max}, y(2)_{\max}, \cdots, y(6)_{\max}\}$$

式中，$y(k)_{\max} = \max\{y_1(k), y_2(k), \cdots, y_m(k)\}$。

（2）差异信息的计算：$\boldsymbol{Y}$ 上第 k 点 $\boldsymbol{y}_i$ 对于 $\boldsymbol{y}_0$ 的差异信息 $\Delta_{0i}(k)$ 为：

$$\Delta_{0i}(k) = |y_0(k) - y_i(k)|$$

则差异信息序列为：

$$\Delta_{0i} = \{\Delta_{0i}(1), \Delta_{0i}(2), \cdots, \Delta_{0i}(6)\}$$

差异信息集为：

$$\Delta = \{\Delta_{0i}(k), i = 1, 2, \cdots, m; k = 1, 2, \cdots, 6\}$$

C 灰关联度计算

灰关联系数按公式（3-30）计算，而比较序列 $\boldsymbol{y}_i$ 对参考序列 $\boldsymbol{y}_0$ 的灰关联度 $\gamma(\boldsymbol{y}_0, \boldsymbol{y}_i)$ 采用加权关联度法求解：

$$\gamma(\boldsymbol{y}_0, \boldsymbol{y}_i) = \sum_{k=1}^{6} w_k \gamma(y_0(k), y_i(k))$$

D 灰关联排序

关联度可以直接反映各个比较序列与参考序列的优劣关系，根据关联度的大小可以判断各个因子与参考序列之间的相互关系大小。灰关联度 $\gamma(\boldsymbol{y}_0, \boldsymbol{y}_i)$ 越大，表明 $\boldsymbol{y}_i$ 与 $\boldsymbol{y}_0$ 越接近，即 $\boldsymbol{y}_i$ 越接近高温固溶炉加热工艺最优解。

3.4.2.4 加热优化的灰色异步粒子群求解流程

利用异步粒子群与灰关联分析法对辊底式高温固溶炉加热过程进行优化的具体流程如下：

（1）初始化参数：种群规模 m、学习因子 c_1 和 c_2、惯性因子 $w(k)$、最大迭代次数 $N_{\max}$；

（2）构造初始种群：首先人工指定 m 组炉温，每组炉温编码得到一组粒子，第 i 个粒子为 $\boldsymbol{X}_i = \{T_{f1}, T_{f2}, \cdots, T_{fn}\}$，$n$ 与炉区数量对应。m 组炉温组成种群 $S = \{\boldsymbol{X}_1, \boldsymbol{X}_2, \cdots, \boldsymbol{X}_m\}$，初始化 $\boldsymbol{v}$、$\boldsymbol{p}_i$、$\boldsymbol{p}_g$；

（3）确定灰关联分析的参考序列；

（4）结合3.3节建立的钢板温度计算模型，以假设炉温为计算条件，计算灰关联分析目标因子集中的每个目标值，组成比较序列；

（5）利用式（3-29）和式（3-30）计算出每个粒子形成的比较序列的关联度，对每个粒子，将其灰关联度与其经过的最好位置所对应的灰关联度作比较，如果较优，则将该灰关联度及其所对应的位置存储在 p_i 中，比较当前所有 p_i 和全局最优解 p_g 的值，更新 p_g；

（6）利用式(3-26)~式(3-28)更新各粒子的权重、速度和位置；

（7）若满足停止条件停止搜索，选取与参考序列灰关联度最大的比较序列及其对应的粒子作为结果输出，否则返回步骤（4）继续搜索。

灰色异步粒子群算法的计算机实现流程如图 3-29 所示。与同步粒子群模式相比，异步粒子群模式可以与 VC 多线程编程技术的结合，更好地适应了计算机求解。

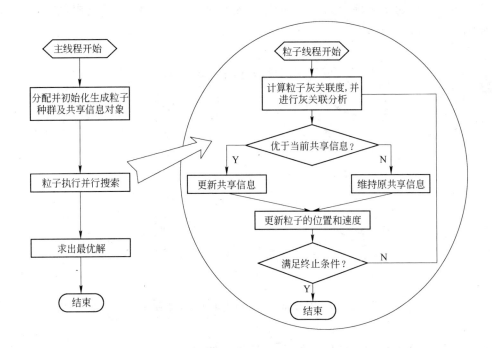

图 3-29　多线程实现异步模式灰色粒子群计算流程图

3.4.3　热处理加热优化模型的应用

高温固溶炉的稳态加热优化就是基于灰色异步粒子群算法进行求解。以钢种为 316 的不锈钢板固溶处理为例：规格为 25mm × 2000mm × 10000mm，室温入炉（设为 25℃），保温温度要求为(1050 ± 10)℃，保温 25min。经过灰色异步粒子群算法计算，得到 RAL 高温固溶炉稳态加热工艺制度如表 3-4 所示。

表 3-4 热处理加热工艺制度及出炉实绩预测表

炉 段 号	Z1	Z2	Z3	Z4	Z5	Z6	Z7	Z8	Z9	Z10	Z11	Z12	Z13	Z14
上炉区温度设定值/℃	811	847	932	1058	1059	1061	1065	1068	1068	1068	1068	1068	1068	1068
下炉区温度设定值/℃	812	847	940	1053	1059	1062	1066	1068	1068	1068	1068	1068	1068	1068
钢板受热量/kW	1213	1197	982	651	325	180	118	99	87	84	82	70	42	40
钢板行进速度/m·min⁻¹	1.65/连续					钢板在炉总时间/min					51			
钢板上表面出炉温度/℃	1055					钢板出炉断面温差/℃					0			

表 3-4 中每个炉段分为上下两个炉区，对应的热处理加热过程预测曲线如图 3-30 所示。

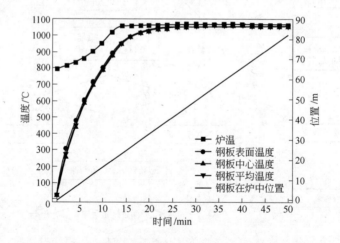

图 3-30 RAL 固溶炉加热优化计算结果曲线

3.5 辊底炉炉辊的改进及热损分析和控制优化

3.5.1 辊底炉存在的问题及解决方法

钢板进行固溶、正火等处理时，炉温很高（特殊不锈钢固溶时炉温可达 1200℃），辊底炉炉辊必须具备耐热温度高、高温承载力强的特点，传统上采

用耐热合金炉辊,这类辊底炉存在以下问题:

(1)辊面结瘤造成钢板表面的麻点缺陷。耐高温合金炉辊在生产过程中易出现辊面结瘤,如图3-31a、图3-31c所示,结瘤物(见图3-31a′)的成分以铁的氧化物为主,比较复杂。结瘤是钢板表面疏松的小片氧化铁皮在高温状态下脱落、黏附在炉辊表面上,随生产的进行不断积累叠加而成,同时它在近乎热熔的柔软状态下还发生进一步的高温氧化。一方面结瘤物在氧化铁皮不断黏附叠加、钢板不断碾压下更加紧密突起;另一方面在高温状态下钢板表面软化(尤其是不锈钢),因此钢板在自重下就会压出辊印(见图3-31b、图3-31d),钢板越重,辊印就越多、越深。炉辊结瘤造成的钢板表面麻点缺陷(图3-31b和图3-31d),严重影响钢板表面质量,不仅破坏产品外观形象,还带来巨大的人工修磨工作量,拖缓生产节奏,浪费成本,严重的甚至直接判废。

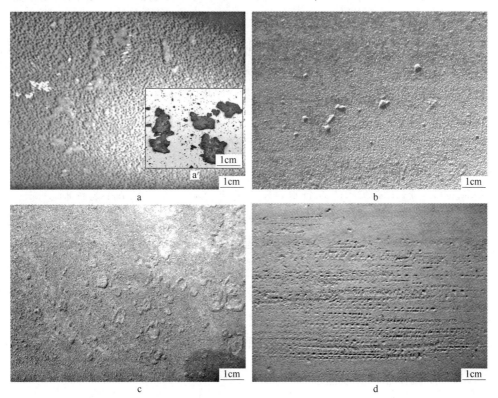

图3-31 合金炉辊辊面结瘤和钢板表面凹坑

a,b—麻面炉辊时;c,d—光面炉辊时

（2）耐热合金炉辊造价高。传统上采用外套为 Cr25Ni20Si2、Cr25Ni35Nb1.5 或者 Cr28Ni48W5 的耐热合金炉辊，由于 Ni、Cr 等价格较高，在辊中的含量又很高，导致仅炉辊一项就可占整个辊底炉全部价格的 20% ~ 30%，直接增大了整个热处理炉的投资。

（3）热损失大，能耗高。钢辊直接与钢板接触，炉内的热量通过炉辊传到炉外，热损失较大，特别是不锈钢等特殊钢固溶炉采用的水冷耐热合金炉辊，炉辊冷却水带走的热量损失通常占炉子热收入的 20% ~ 30%，不仅造成燃料和水的极大浪费，还需要较大的水处理系统的支撑。

为解决耐热合金辊底炉的问题，关键是钢板麻点缺陷问题，人们提出了各种各样的办法，主要有：减少带入炉内的氧化铁皮；监测控制炉内的氧气含量，明火炉采用微氧化气氛加热，减少炉内氧化铁皮的生成；合理优化生产工艺，合理的降低加热温度和减少保温时间；控制摆动时间和摆动速度，协调好整个生产节奏，钢板加热完成后立即出炉，对于需要摆动加热的钢板，尽量降低炉辊摆动频率；停炉磨辊；低温磨辊，即将炉温降低到 500℃ 左右后，用专用托炉厚钢板在炉内快速运动；热喷涂技术，即在炉辊表面喷涂一定厚度的耐高温涂料，以金属陶瓷居多，以改善辊面的机械性能，提高炉辊抗结瘤能力；优化生产计划安排，装炉顺序按工艺温度从高到低、产品规格从厚到薄安排生产；坐船处理，即利用判废的不锈钢板制作托架，形似"井"字，将待热处理钢板放于托架上，一起进行加热、淬火处理，这虽可避免辊印，但托架使用次数有限，生产效率低下，淬火板形不易控制。

上述方法都未能较好地和彻底地解决钢板辊印缺陷问题，为了彻底解决钢板麻点问题，必须寻找一种耐热、有一定高温强度且不与钢板氧化铁皮粘连的材料的炉辊。石棉纤维辊身由耐火石棉纤维片压装而成，辊面不与氧化皮黏结，具有耐高温性能，压装后具有一定的承载性能，较好地和较彻底地解决了炉辊结瘤造成的钢板表面缺陷问题，还降低了能耗，中厚板辊底炉改用石棉纤维炉辊（特别是高温段）是重要的技术改进和大势所趋。

3.5.2 炉辊传热计算模型

为了更好地进行辊底炉炉辊的设计、选型和控制，我们对两种炉辊建立传热模型，分析这两种炉辊的传热过程，在不同的冷却水和炉温条件下比较两种炉辊的热损。

3.5.2.1　两种炉辊的结构

水冷式合金炉底辊结构如图 3-32 所示，内管为厚壁无缝管，管内是芯管，冷却水从芯管流入，从芯管与内管间流出；外套材质为 ZGCr28Ni48W5（高温段）或 ZGCr25Ni35Nb1.5（低温段），离心浇铸成型；外套与内管间填充隔热纤维，每隔一段距离等周向间距的布置合金支撑块，以增加外套高温强度。耐热合金水冷炉辊的结构示意图见图 3-32，石棉纤维水冷炉辊结构如图3-33所示，辊身主要采用耐火石棉纤维片压装而成，先由耐火石棉纤维添加少量氧化锆纤维、增强剂等打碎成纸浆状后制作成片状并烘干，再用压力机将纤维片压装到辊芯上，最后待辊身应力释放完成后，上机床将辊面车削光整。

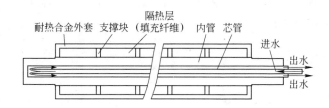

图 3-32　耐热合金水冷炉辊的结构示意图

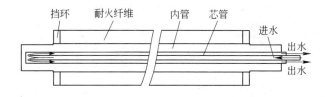

图 3-33　石棉纤维水冷炉辊的结构示意图

3.5.2.2　炉辊的传热建模及求解

本书建立了稳态生产情况下的炉辊热交换模型，基于固溶炉实际生产中对主要热交换方式的考虑和理论分析的简化要求，做如下假设和处理：

（1）炉辊正常工作时处于不断旋转状态，其圆周方向上近似认为无明显温度变化；

（2）生产过程中采用脉冲燃烧控制方式，炉宽方向温度均匀性较好，因此近似认为炉辊辊面沿辊身长度方向温度均匀一致；

（3）冷却水对炉辊的冷却作用主要集中在炉辊内壁接触面，冷却水的温度变化是由炉辊内壁处的对流换热作用引起，在研究过程中冷却水与芯管接触部分近似为等温绝热面；

（4）合金炉辊支撑块的数量少、间距大和尺寸小，其与炉辊内管外壁和炉辊外套内壁的接触面积比仅为5.1%和5.8%，设置（1+k）倍的隔热硅酸铝纤维的导热系数为炉辊内管与外管间的综合传热系数，合金炉辊支撑块的传热作用通过调整系数 k 来实现。

合金炉辊和纤维炉辊的横截面示意图如图 3-34 所示。材质 1、材质 2、材质 3、材质 4 分别为 20 钢、硅酸铝纤维、Cr28Ni48W5 和石棉纤维片。稳态情况下辊面温度维持在均匀且恒定的温度 T_{R_2}，冷却水平均温度为 $\overline{T}_w$，R_1 和 R_2 分别为炉辊内管内壁半径和炉辊半径；R_1' 和 $T_{R_1'}$ 分别为材质 1 与材质 2（或者材质 4）间的壁面半径和壁面温度；R_2' 和 $T_{R_2'}$ 分别为材质 2 与材质 3 间的壁面半径和壁面温度。

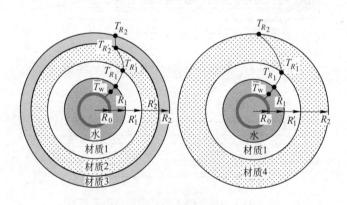

图 3-34　炉辊横截面示意图

通过炉辊内管壁的热流量作用于冷却水，使冷却水温度升高，根据能量平衡，得：

$$\Phi_{R\&W} = \int_{T_{w\_in}}^{T_{w\_out}} c_p(T) F_m dT \tag{3-33}$$

式中，$\Phi_{R\&W}$ 为炉辊内管内壁面热流量，W；$c_p(T)$ 为冷却水比热容，J/

$(kg \cdot ℃)$；T_{w_in}、T_{w_out} 为冷却水进、出水温度，℃；F_m 为冷却水流量，kg/s，按下式进行计算：

$$F_m = u_w \pi (R_1^2 - R_0^2) \rho_w(T)$$

式中，$\rho_w(T)$ 为冷却水密度，kg/m³；u_w 为冷却水平均流速，m/s。

根据文献［53］，炉辊内管壁面作用于水的热流量为：

$$\Phi_{R\&W} = 2\pi l R_1 h_c (T_{R_1} - \overline{T}_w)$$

合金辊为：

$$\Phi_{R\&W} = \frac{2\pi l \overline{\lambda}_1 (T_{R_1'} - T_{R_1})}{\ln \dfrac{R_1'}{R_1}} = \frac{2\pi l \overline{\lambda}_2 (T_{R_2'} - T_{R_1'})}{\ln \dfrac{R_2'}{R_1'}} = \frac{2\pi l \overline{\lambda}_3 (T_{R_2} - T_{R_2'})}{\ln \dfrac{R_2}{R_2'}}$$

$$\tag{3-34}$$

石棉纤维辊为：

$$\Phi_{R\&W} = \frac{2\pi l \overline{\lambda}_1 (T_{R_1'} - T_{R_1})}{\ln \dfrac{R_1'}{R_1}} = \frac{2\pi l \overline{\lambda}_4 (T_{R_2} - T_{R_1'})}{\ln \dfrac{R_2}{R_1'}} \tag{3-35}$$

式中，$\overline{\lambda}_1$、$\overline{\lambda}_2$、$\overline{\lambda}_3$、$\overline{\lambda}_4$ 分别是材质1、材质2、材质3及材质4的平均导热系数，W/(m·℃)；l 为炉辊辊身有效长度，m；$\overline{T}_w$ 为冷却水平均温度，℃，$\overline{T}_w = (T_{w\_in} + T_{w\_out})/2$；$h_c$ 为冷却水对炉辊内管壁的对流换热系数，W/(m²·℃)。

联立式（3-33）与式（3-34）(或式(3-35))，可得方程组：

$$\pi u_w A \int_{T_{w\_in}}^{T_{w\_out}} c_p(T) \rho_w(T) dT - h_c (T_{R_1} - \overline{T}_w) = 0$$

$$\frac{\overline{\lambda}_1 (T_{R_1'} - T_{R_1})}{B} - h_c (T_{R_1} - \overline{T}_w) = 0$$

$$\frac{\overline{\lambda}_2 (T_{R_2'} - T_{R_1'})}{C} - h_c (T_{R_1} - \overline{T}_w) = 0$$

$$\frac{\overline{\lambda}_3 (T_{R_2} - T_{R_2'})}{D} - h_c (T_{R_1} - \overline{T}_w) = 0$$

$$\frac{\overline{\lambda}_4 (T_{R_2} - T_{R_1'})}{E} - h_c (T_{R_1} - \overline{T}_w) = 0$$

其中

$$A = \frac{R_1^2 - R_0^2}{2lR_1}, B = R_1\ln\frac{R_1'}{R_1}, C = R_1\ln\frac{R_2'}{R_1'}, D = R_1\ln\frac{R_2}{R_2'}, E = R_1\ln\frac{R_2}{R_1'}$$

在炉辊结构参数一定的情况下，通过方程组可求解得到炉辊关键界面的温度（T_{R_1}、T_{R_2}和不同材质分界面温度$T_{R_1'}$、$T_{R_2'}$）与冷却水流速u_w、冷却水进出水温度T_{w_in}、T_{w_out}之间的关系。

由于冷却水的对流换热系数、密度、比热容与其温度密切相关，同时炉辊不同材质的导热系数$\bar{\lambda}_1$、$\bar{\lambda}_2$、$\bar{\lambda}_3$与炉辊的关键界面温度T_{R_1}、$T_{R_1'}$和$T_{R_2'}$也密切相关，按照一般的解法很难求解方程组，本书提出一种基于牛顿搜索的迭代规划求解算法来求解，以在炉辊表面温度、进水温度一定的情况下，分析流速与出水温度，炉辊关键界面、能耗之间的关系为例，算法流程图如图3-35所示。在求解过程中还需要注意变物性参数问题，即冷却水的密度、比热容、炉辊中的不同材质的导热系数都是温度的函数。

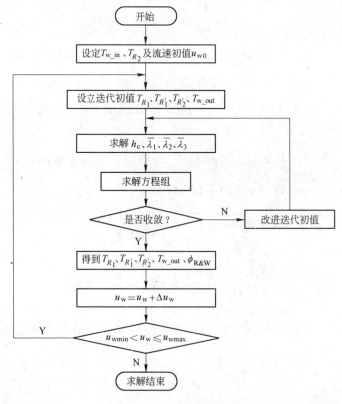

图3-35　迭代计算流程图

3.5.2.3 炉辊水冷模型的验证

为了验证模型的精度，在现场进行了测试，测试时进水水温28℃，炉温1000℃和1100℃时保温，以第176号和第180号炉辊为测试对象，利用建立的水冷模型及求解策略对两根炉辊的冷却水出水温度进行计算，模型计算结果与实测结果对比见表3-5。

表3-5 模型计算结果和实测结果对比

q_w	u_w	T_{R2}	T_{w_out}		
			实测值	计算值	偏 差
1.00	0.22	1100	40	37.2	2.8
1.80	0.40	1100	35	33.1	1.9
2.30	0.51	1100	30	31.9	−1.9
1.10	0.25	1000	35	34.4	0.6
1.80	0.40	1000	32	32	0
2.50	0.56	1000	30	30.8	−0.8

表中 q_w 为冷却水流量，m^3/h。从表中可见，出水温度的计算值与实测值偏差小于3℃，大部分在2℃之内，因此模型精度较好，可用此模型来进行炉辊热损的分析和优化计算。

3.5.3 热损失分析和优化控制

3.5.3.1 冷却水流速与炉辊关键分界面温度及冷却水出水温度的关系

u_w 为 0.04~1m/s、T_{w_in} 为 30℃、T_f 为 1200℃ 和 1050℃ 时，合金炉辊的 T_{R_1}、$T_{R_1'}$、T_{R_2}、$T_{R_2'}$、T_{w_out}、ΔT_w 如图 3-36 所示，石棉纤维炉辊的 T_{R_1}、$T_{R_1'}$、T_{R_2}、T_{w_out}、ΔT_w 如图 3-37 所示。

从图 3-36 和图 3-37 中可以看出：（1）T_{R_1}、$T_{R_1'}$ 和 T_{w_out}、ΔT_w 均随 u_w 的增加而减小，在 u_w 增加到一定值（0.3m/s）时，它们的值减小趋势放缓，u_w 再增大（大于 0.4m/s）时，它们的值将会基本保持不变；（2）u_w 在接近临界速度（合金炉辊是 0.07m/s，石棉纤维炉辊是 0.09m/s）时，炉辊内管壁温度有较明显的阶跃性降低，原因是在临界流速以下为层流对流换热，临界

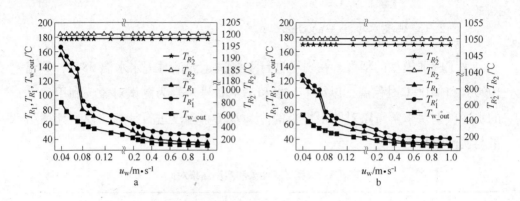

图 3-36 合金炉辊冷却水流速与炉辊关键分界面温度、出水温度的关系

a—$T_f = 1200℃$；b—$T_f = 1050℃$

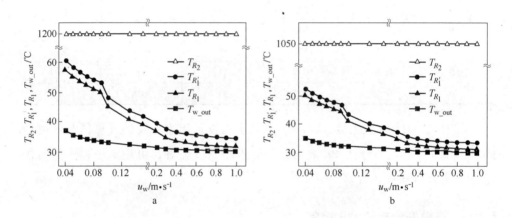

图 3-37 石棉纤维炉辊冷却水流速与炉辊关键分界面温度、出水温度的关系

a—$T_f = 1200℃$；b—$T_f = 1050℃$

流速以上为由层流向湍流过渡，此时换热能力要明显强于层流状态，因此炉辊内管壁温度下降显著，完全湍流状态下，$T_{R_1'} - T_{R_1}$ 基本保持不变；（3）对于合金炉辊，T_f 为 1200℃、T_{w_in} 为 30℃、u_w 大于 0.3m/s 时，T_{w_out} 小于 40℃、ΔT_w 小于 10℃；T_f 为 1050℃、T_{w_in} 为 30℃、u_w 大于 0.2m/s 时，T_{w_out} 小于 40℃，ΔT_w 小于 10℃；（4）对于新型石棉纤维炉辊，冷却水的温升很小，只要冷却水的流速大于临界流速即可，当然最好使冷却水处于完全湍流状态。

总的来说：（1）仅从炉辊内管的冷却来说，只要流速大于临界流速，内管就处于一个较好的工作温度范围内，但不能仅这样，还必须考虑冷却水出水温度；（2）关于出水温度。理论上只要在水沸点以下都是可以的，但内管壁各部位冷却的不均匀可引起局部汽化，使水流不稳定，因此不能接近沸点；还必须考虑水的结垢问题，水垢会减弱炉辊内管壁的传热性能，使炉辊内管局部温度上升，以致接近或超过它的极限工作温度，引起炉辊材料的破坏或工作寿命的缩短，水中结垢物大量析出的起始温度是 40℃ 左右，所以冷却水的出水温度最好控制在 45℃ 之下；（3）关于冷却水温升。考虑整个系统的节能及配套水处理系统的造价，冷却水温升最好控制在 10℃ 以内。

3.5.3.2 冷却水流速和进水温度与热损失的关系

u_w 为 0.02 ~ 1m/s、T_{w_in} 为 30℃、T_f 为 1200℃ 时，两种炉辊的 h_c、Re、Q_w 的变化如图 3-38 所示。

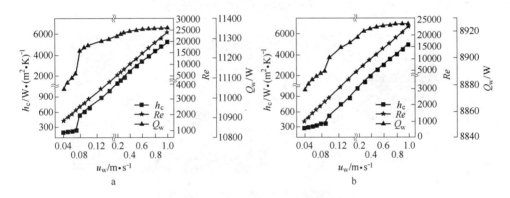

图 3-38　两种炉辊在不同冷却水流速下的 Q_w、Re 和 h_c

a—合金炉辊；b—石棉纤维炉辊

从图 3-38 中可以看出：（1）随着 u_w 增加，Re 线性增加；（2）合金炉辊石棉纤维炉辊的临界流速分别为 0.07m/s 和 0.09m/s，此时 Re 达到 2300，高于临界流速，由于管内强制对流由层流变为湍流，h_c 和 Q_w 急剧增大；（3）u_w 大于 0.2m/s 时，Re 高于 4000，为强制湍流换热，此后 u_w 增大，Re 和 h_c 会继续增大，但是 Q_w 变化不大，因此在达到湍流后增加流速，对于炉辊冷却效果没有太大意义，只能造成能源浪费；（4）在强制湍流换热的情况下，合金炉辊和石棉纤维辊的冷却水吸热量约为 11340W 和 8925W，石棉纤维炉辊的热损小，约为合金炉辊的 78%。

3.5.4 现场使用情况

通过在宝钢和酒钢现场的应用及优化控制结果显示，基本上解决了炉辊结瘤造成的钢板下表面的压入缺陷问题，炉子燃耗明显降低。其中某厂的热处理炉长为65920mm，宽3000mm，燃料为天然气，吨钢燃料消耗量在使用合金辊时为472.5m^3/t，改用石棉纤维辊后为163.2m^3/t。吨钢消耗量大幅降低，分析其原因除了控制优化、石棉纤维炉辊导热系数小、隔热性较好之外，由于不用磨辊，也大大提高了产量。石棉纤维炉辊的最大缺点是承载能力较小，易出现裂纹，耐磨性较差，使用周期较短（需要定期换辊），在热处理炉的低温段，由于温度降低，钢板较硬，可以继续采用合金炉辊，以减少换辊量。根据国内4个不锈钢厂的使用情况，纤维炉辊平均使用寿命在3个月左右，有些达到4个月以上，图3-39为现场使用中的石棉纤维辊照片。

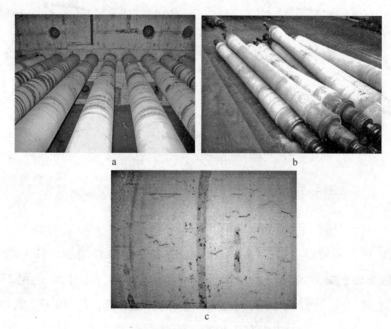

图 3-39　石棉纤维炉辊使用情况
a—正常使用中；b—使用后；c—使用中的裂纹

3.6 中厚板高温固溶炉控制系统的开发

中厚板高温固溶炉控制系统的主要任务是发挥现代控制系统高性能优势，

实现固溶炉设备全自动、全连续加热，使得经过高温固溶炉热处理的钢板组织和性能合格，同时保证固溶炉设备的安全。本节针对中厚板高温固溶炉的自动控制系统的设计，从控制系统构成和功能模型两方面入手，着重阐述辊底式高温固溶炉基础自动化自动加热功能和过程自动化控制功能的设计和实现。

3.6.1 高温固溶炉控制系统构成

为了保证辊底式热处理自动控制系统的稳定性和快速响应性，设计开发了图 3-40 所示的网络结构，辊底式高温固溶炉分为两级控制，分别为基础自动化控制系统和过程自动化控制系统。

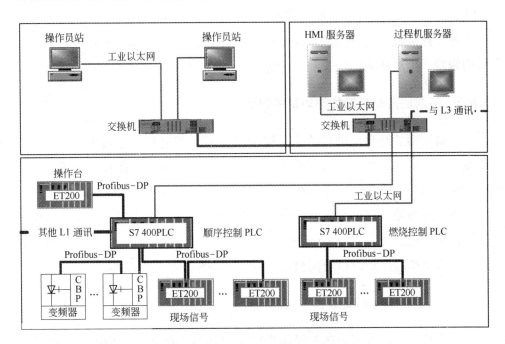

图 3-40 自动控制系统网络结构

基础自动化系统配备两套 Siemens 的 S7-400 系列 PLC，分别对应顺序控制和燃烧控制。前者主要功能是根据过程机设定参数准确运送钢板，完成对高温固溶炉单体设备（如辊道、进出料炉门、对中液压站、润滑系统等）的逻辑动作的控制和设备状态的监视；后者主要是根据过程机设定参数实现炉内温度的快速调整，完成燃气、空气和烟气的压力控制、烧嘴的燃烧控制以及高温固溶炉的安全连锁控制等。自动控制系统采用结构化、模块化编程方式，使用 Step7 集成开发工具编写程序，各 PLC 系统间通过工业以太网方式进行必要的数据交换。现场远程站和操作台选用 Siemens 的 ET200M 分布式 I/O，配备了开关量输入模块、输出模块和模拟量输入模块、输出模块，使用 Profibus-DP 技术与 PLC 主控制器进行数据通信。传动系统的辊道变频器全部采用 Siemens 的 6SE70 系列，传动系统与主控制器 PLC 之间通信也采用 Profibus-DP 方式。人机界面监视系统使用 HP 计算机，服务器与客户机间采用 C/S架构，监控软件采用 Siemens 的 WinCC V6.2。

过程控制系统采用 HP Proliant DL580 G5 服务器，操作系统为 Window Sever 2003，与基础自动化级通过工业以太网相连，同时连接两台 HMI 操作员终端，用于过程监视和控制。过程控制系统的主要任务和功能是监控钢板在热处理加热过程中的状态以及保证热处理加热钢板的质量，同时负责全线物料的跟踪、生产计划的接收和下达等任务。

3.6.2 高温固溶炉自动加热功能的设计

高温固溶炉整套基础自动化系统用于完成生产过程的逻辑控制、生产过程参数的设定与监视、信号的采集与处理、生产设备的联锁控制、报警监测以及实时和历史趋势的监视与分析。

自动加热是高温固溶炉基础自动化控制系统的核心功能，为实现高温固溶炉的自动化、无人化加热操作，设计开发了自动点/停炉、钢板位置微跟踪、钢板生产时序跟踪以及高精度的温度控制和炉压控制功能。

3.6.2.1 自动点/停炉

点炉和停炉是固溶炉热工操作中的重要环节，操作过程中的安全性非常重要。传统的点/停炉方式均需专业热工技术人员在每次点/停炉时手动操作，人工判断安全条件是否满足。这样的操作方式不仅需要的操作人员较多，同时费时费力，存在着由人工主观性判断不安全的隐患。为此开发了自动点/停炉时序跟踪功能，对点/停炉过程中的每个环节进行严格监测及控制。点/停炉时序跟踪功能将点/停炉工作划分为如图 3-41 所示的 n 个工序。只有点/停炉工作进入到当前工序，才可以触发相应的操作。当操作完成时由安全联锁判断模块进行对应项目的自动检查，合格后方能进入到下步工序，防止了安全隐患的存在。自动点/停炉功能大大提高了点/停炉操作的效率和安全性，同时减轻了操作强度，减少了操作人员数量（只需 2～3 人即可完成生产操作），提升了高温固溶炉的自动化水平。

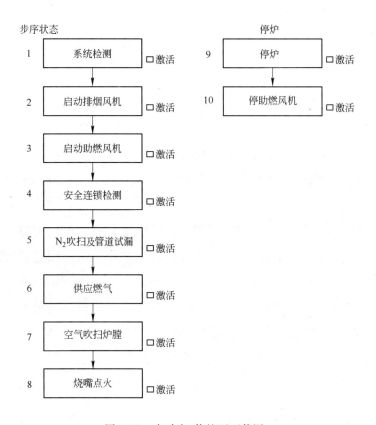

图 3-41 自动点/停炉画面截图

3.6.2.2 钢板位置微跟踪

钢板位置跟踪是以每块钢板为基础的物流管理。炉区钢板的位置跟踪对于钢板的加热质量影响较大，它是加热温度、速度等重要工艺参数调整的基础，主要包括测定计算炉内每块钢板的位置、设定其预期位置和如图 3-42 所示的钢板跟踪映像的显示。RAL 中厚板辊底式高温固溶炉采用单独变频单独传动方式，利用由编码器和变频装置组成的高性能闭环矢量调速系统来保证钢板位置的准确性。跟踪过程中，根据下式计算出每块钢板当前时刻在炉内

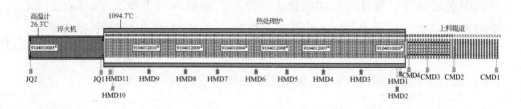

图 3-42　钢板位置跟踪显示画面

的确切位置。

$$Pos_c = Pos_b + \frac{v_c + v_b}{2}\Delta t \qquad (3\text{-}36)$$

式中，Pos_c、Pos_b 分别为当前时刻钢板位置和前一时刻钢板位置，mm；v_c、v_b 分别为当前时刻钢板速度和前一时刻钢板速度，mm/s；Δt 为相邻两次计算的时间差，s。

　　考虑到钢板在辊道上的打滑因素，在炉内安装有激光检测器，对钢板位置进行修正，保证了钢板位置跟踪的准确性。实践表明采用这种方式进行的钢板跟踪，最大绝对定位误差不大于100mm。

　　炉区钢板位置的高精度跟踪是加热过程板速设定控制的重要保障。由于炉区钢板位置的精确跟踪，实现了炉内辊道的弹性分组传动，使炉内钢板可按不同的设定速度运行。开发的高精度钢板位置跟踪系统保证了炉内同时进行连续、步进和摆动加热的高难度辊速控制的实现。

3.6.2.3　钢板生产工序跟踪

　　生产工序跟踪是热处理生产线实现现代化全自动生产的基础，是自动控制系统的主要功能之一。在生产过程中，同一时刻往往有很多钢板在生产线的不同工序中进行处理，而每块钢板的原始条件（如钢种、规格等）、加工状况（如加热温度、前进速度等）和成品要求（如热处理方式、保温温度、组织性能等）等又各不相同。生产工序跟踪实现了钢板从吊装到上料辊道直至出淬火机上冷床前的炉前工序跟踪（包括对中、称重、测长和等待入炉等）、炉区工序跟踪（包括进炉、出炉等）和淬火机区工序跟踪（包括进淬火机、出淬火机等），如图 3-43 所示。

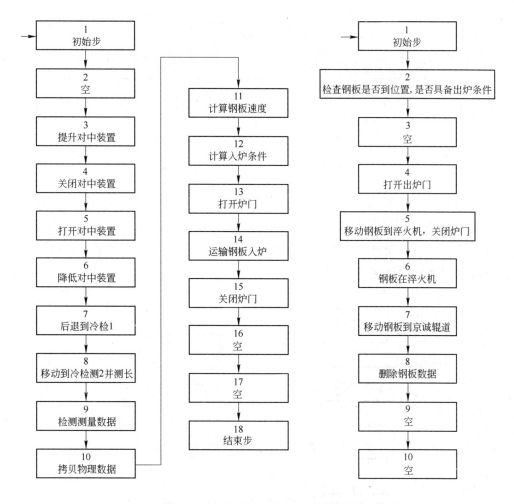

图 3-43 钢板生产工序跟踪画面截图

3.6.2.4 高温固溶炉炉温的控制

高温固溶炉按照炉长方向上下分为两部分，分别等距离设置 n 个温度检测区，共 $2n$ 个温度控制段。每个温度控制段设有段内烧嘴和测温热电偶组成的单独控制回路，温度控制是按照该控制段的设定温度与测温热电偶实际检测值的差值大小，按图 3-44 所示的控制方案来不断地调节烧嘴的开闭，从而控制炉温。其中，高温固溶炉温度设定方式有三种，分别为 Leve2 模型设定、EMS 经验库设定和人机界面 HMI 手动设定。温度控制器采用 PID 控制策略。

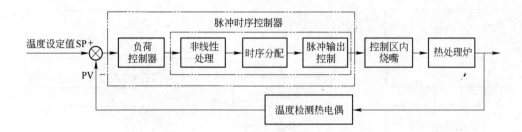

图 3-44 单控制段温度控制回路原理图

脉冲时序控制器采用本书 3.2 节开发的新型复合式脉冲燃烧时序控制模型，利用 PLC 编程器实现脉冲控制，这样不但节约了成本，而且使单区烧嘴数量的设计不再受脉冲控制装备的制约，增加了工艺设计的灵活性。脉冲时序控制模块结构如图 3-45 所示。

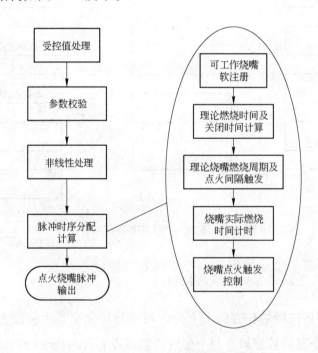

图 3-45 脉冲时序控制模块结构框图

3.6.2.5 炉膛压力控制

炉压控制不当是造成工业炉燃料浪费的最主要因素之一。炉内负压使得冷的环境空气通过炉门、炉衬裂缝以及其他开口进入炉内。这些漏入的冷空气必须被加热到炉温以后才能排出，这样会造成燃烧系统的额外负担并浪费大量燃料。另外，如果炉膛内的炉压太高，会大大降低加热炉的使用寿命，而且由于炉膛口的高压将使炉门往外喷火，同样会浪费大量的燃料。所以，为保证安全生产和节能燃烧，我们有必要对炉压实现自动控制，确保炉膛内压力的微正压。炉膛压力自动控制由两种控制策略来实现：一种是排烟机引射控制，另外一种是旁通烟道排烟控制。前者在偏差较大时进行调节，后者在较小偏差时起作用，如图3-46所示。排烟机引射控制与旁通烟道排烟控制复合的控制策略，继承了排烟机引射控制的快速调整性和旁通烟道排烟控制良好稳态性的优点，提高了炉压自动控制水平。

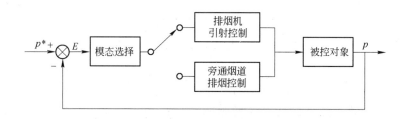

图 3-46 炉压复合控制系统结构图

图 3-46 中，p^* 为压力设定值，E 为系统误差，p 为压力检测值。当 $E \geqslant E_p$ 时，排烟机引射控制；当 $0 \leqslant E < E_p$ 时，旁通烟道排烟控制。

A 排烟机引射控制

排烟系统使得炉内燃烧后形成的废气能够自然、畅通地排出。同时抽力不得过大，避免热量的流失。排烟机引射控制是在保证烟气温度和压力在安全值内的情况下，通过对排烟通道的风机抽力来实现压力控制，其仪表配置如图3-47所示，对应的控制系统框图见图3-48，控制器采用PID控制策略。

在控制炉膛压力的同时要注意烟气温度的变化。控制合适、相对平稳的排烟温度对固溶炉提高热效率和提供温度稳定的预热空气、维持炉内气氛非常重要。一般来说，排烟温度不能太低，否则炉膛内的温度将不能达到一定的高度，影响预热燃气和空气的质量；另外，排烟温度也不能太高，否则烟

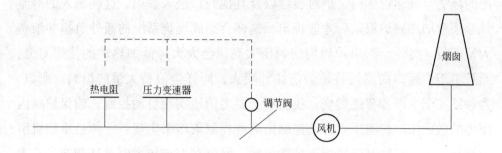

图 3-47 排烟系统 PI 图

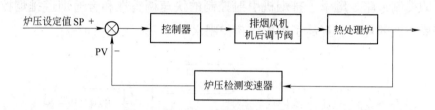

图 3-48 固溶炉炉压控制系统框图

气将带走很大的一部分热量，降低固溶炉的热效率。当排烟温度过高时，应适当地减小排烟机前调节阀的开度，减少烟气的流通量，使烟道内维持一定的负压力。

B 旁通烟道排烟控制

高温固溶炉入口和出口各设置有一个辅助排烟道，如图 3-49 所示。在辅助排烟道上设有调节阀，根据炉内压力自动调节辅助烟道上的调节阀，可在小范围内调整炉压。

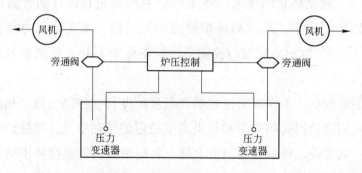

图 3-49 旁通烟道排烟系统图

炉内压力控制系统的结构如图 3-50 所示，控制器采用传统 PI 的控制策略。当负荷变化造成炉压小范围波动时，PLC 触发旁通烟道排烟控制炉压策略，即根据炉压变化量，控制旁通烟道上的阀位开度，避免负荷变化造成的炉压剧烈波动。

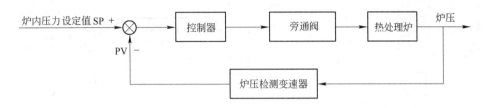

图 3-50　高温固溶炉炉压控制系统框图

3.6.3　钢板加热过程优化控制系统的设计

3.6.3.1　过程优化控制系统的软件架构

加热过程优化控制系统应用软件架构及相关系统间使用的数据通讯方式如图 3-51 所示。过程控制系统主要包括 HMI 人机界面、过程控制软件、数据库、通信中间件和 L3-Link 等。HMI 人机界面系统提供了一个与操作员交互的友好界面，它负责加热钢板基本数据的手动输入、在线生产钢板的物料跟踪、热处理加热过程实时数据和历史数据的显示以及模型参数的管理等；过程控制软件负责工艺计算数学模型的组织、与外界数据的交换以及与工艺管理人员的交互等；数据库在过程控制实现的过程中发挥着重要的作用，主要负责模型计算过程中相关原始数据、跟踪队列数据、工艺数据等的存取和中转交换功能；通信中间件主要负责完成过程机与基础自动化的数据交换，可以使用 S7 和 OPC 通讯协议；L3-Link 负责与三级机 MES 的数据交换，通过 TCP/IP 电文模式接收 MES 下发的生产计划以及上传热处理生产的实绩信息。为了使整个系统更加稳定、可靠，HMI 人机界面系统与过程机软件不再直接进行数据交换，需要交换数据直接通过 PLC 系统中转。

3.6.3.2　过程优化控制系统的功能构成

高温固溶炉过程优化控制系统的主要任务和功能是保证固溶、正火、回

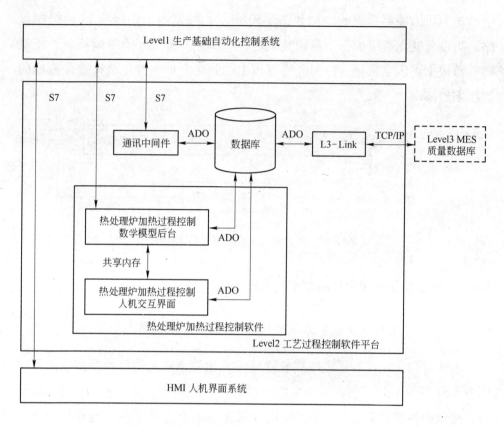

图 3-51 过程控制系统软件架构

火及退火处理后钢板的产量和质量，应用适当的数学模型将计算输出的最佳设定值送到基础自动化级，实现相应的加热工艺控制、加热过程监视和过程数据管理。过程优化控制系统主要包括跟踪调度、钢板温度跟踪、保温控制、加热规程优化及设定、出炉实绩预测、模型自学习和数据通讯及处理功能模块。功能模块间的数据流关系如图 3-52 所示。

3.6.3.3　过程优化控制系统的主要功能设计

A　跟踪调度模块

跟踪调度模块在高温固溶炉过程优化控制系统中起着管理者的作用，主要实现的目标是使过程优化控制系统随时了解钢板在高温固溶炉生产线上的实际位置及其控制状况，以便控制系统能在规定的时间内启动相关功能程序，

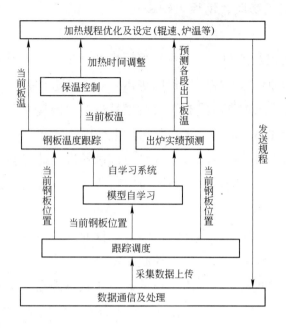

图 3-52 功能模块之间的数据流关系

对指定的钢板准确地进行加热控制、数据采样、操作指导等，从而防止事故的发生。

高温固溶炉过程优化控制系统中所实现的是高温固溶炉区段的区域宏跟踪功能，它根据基础自动化系统提供的跟踪信息完成。过程跟踪主要有如下功能：

（1）钢板区域跟踪管理。钢板区域跟踪功能是对在高温固溶炉炉区钢板的运行状况进行跟踪和控制。它根据三级 MES 系统传来或操作员输入的钢板数据，结合高温固溶炉机械设备的动作情况，跟踪钢板在高温固溶炉炉区的位置并显示当前炉区钢板的分布。根据生产节奏和钢板在高温固溶炉炉内的加热状况控制高温固溶炉的装出钢过程。

钢板区域跟踪是根据钢板在辊道上移动时金属检测器、编码器产生的信号或其他可用信号更新钢板的跟踪指示记录，使之及时正确地反映钢板的实际位置。钢板区域跟踪包括高温固溶炉的炉前入口跟踪、炉内跟踪、炉后出口跟踪。生产过程不正常时，系统可根据设备运行信号或操作人员的指令修正跟踪数据，以免跟踪发生错误。设计的炉区跟踪修正功能，包括钢板数据吊销或修改、钢板入炉修正、炉内钢板的位置的修正、钢板出炉修正等。

（2）钢板进出炉控制。控制系统根据生产计划、当前热处理节奏、设备空间以及钢板的加热状况控制钢板的进出炉。钢板进炉控制一般以热处理节奏为准，在高温固溶炉进料段有空余位置且进料段温度满足进料要求时就可以高速入炉进行加热。但是在高温固溶炉混装时会出现待进炉钢板预设定在炉时间小于炉内最后一块钢板剩余在炉时间的情况，此时会造成待加热钢板加热时间过长的问题。因此，入炉前应判断待入炉钢板预设定在炉时间是否小于炉内最后一块钢板剩余在炉时间。当这一条件不成立时，钢板在炉外等待不允许进炉；当入炉条件满足时，发送钢板允许进炉信号。当钢板被运送到高温固溶炉出料检测点时，出炉控制模块自动判断钢板加热状态是否达到要求，包括保温时间和保温温度。当钢板加热状态满足要求时，高温固溶炉将发送出钢请求至淬火机设备，在淬火机设备有空闲且淬火准备工作完成后，即可打开炉门运送钢板出炉。

（3）跟踪触发计算。跟踪触发计算功能是指过程优化控制系统根据钢板在高温固溶炉生产线上的实际位置及其控制状况，启动相关功能模块程序，并将计算后所得到的结果存入跟踪表的数据区。高温固溶炉过程优化控制系统触发模型计算具体机制如图 3-53 所示。

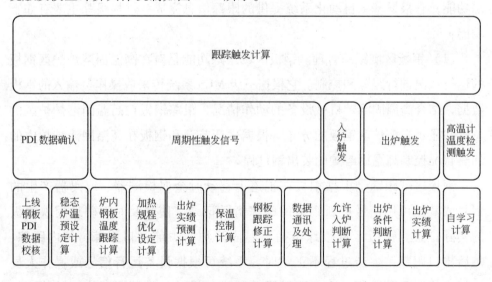

图 3-53　跟踪触发计算图

B 钢板温度跟踪模块

钢板温度跟踪是中厚板辊底式高温固溶炉过程优化控制的核心。其实现的主要功能是根据在线监测的各段炉温、燃气流量、空气流量以及钢板跟踪信息，由3.3节所建立的钢板温度全炉跟踪数学模型，以适当的频率计算出炉内每块钢板在计算时刻的温度分布，从而实现全炉钢板温度的在线跟踪计算，为炉温优化设定提供坚实的理论依据。其计算流程如图3-54所示。

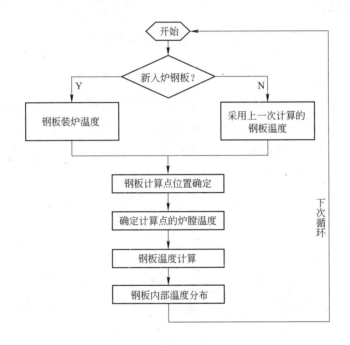

图3-54 钢板温度跟踪计算流程图

C 加热规程优化及设定模块

加热规程优化及设定主要由如图3-55所示的加热规程预设定模块、炉温设定决策模块、动态加热过程补偿模块等组成。

在高温固溶炉稳态炉温优化研究的基础上，建立了用于在线控制的加热规程预设定模块，它包括最佳炉温预设定和最佳板速预设定两部分。新钢板上线后触发L2优化控制系统从本地数据中选择L3传过来的相应的钢板数据。一旦确认钢板数据有效，就会根据加热规程预设定计算出稳态最优加热工艺

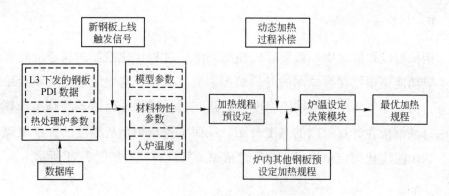

图 3-55 加热规程计算策略图

规程。一个燃烧控制段的温度设定值要综合考虑这个段的炉温能影响到的所有钢板，要使这些钢板出炉时都能尽量达到理想的加热状况，因此设计了高温固溶炉炉温设定决策模块。它是根据炉内每块钢板的 PDI 信息、加热规程和实际位置等，按加热钢板所对应的权重系数和预设定炉温，按下面公式计算出各段的设定炉温：

$$T_{fset}(i) = \frac{\sum_{j=1}^{n} \omega_j T_{fset}(i)_j}{\sum_{j=1}^{n} \omega_j} \tag{3-37}$$

式中，$T_{fset}(i)$ 为第 i 段炉温设定值，℃；ω_j 为第 i 段炉温所影响的钢板 j 所占权重系数；$T_{fset}(i)_j$ 为钢板 j 在第 i 段的炉温设定值，℃；n 为第 i 段炉温所影响的钢板数量。

加热规程预设定模块会提前一段时间对钢板要经过的加热区炉温进行优化设定，保证每块钢板都在对应的优化炉温制度下加热。在实际加热过程中钢板温度会偏离最优加热曲线，动态加热过程补偿模块采用建立的补偿策略对加热规程进行优化，从而保证钢板加热过程最优。

D 保温控制模块

在热处理实际生产过程中很可能出现加热钢板不符合预定要求的情况，如出炉温度、保温时间。保温控制就是检验钢板是否符合预设工艺标准及温度和保温时间是否达到预设要求，指导高温固溶炉保温钢板直到其符合要求。

在热处理加热收尾即钢板到达出炉口位置时，钢板温度不必一定要达到保温温度，但是它必须达到这个温度或稍高于这个温度一段时间。因此要测量钢板在这个温度上的保温时间，如必要的话，延长钢板在炉时间以保证被加热钢板绝对达到要求的保温时间。

保温控制的实现策略如图 3-56 所示。钢板到达炉子的末端时，出炉触发就会发送信号，检测钢板保温是否完成。如果没有到达要求时间，高温固溶炉过程控制系统给一个这块钢板在这个循环内不出炉的信号。在下一个循环中这个检验程序将再一次运行，直到达到保温工艺的要求才允许出炉。

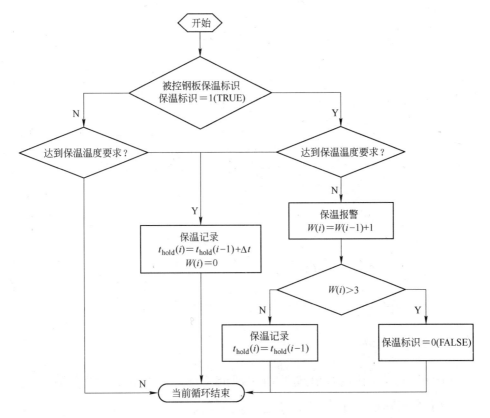

图 3-56　保温控制流程图

$t_{hold}(i)$—第 i 次循环时的钢板实际保温时间；$W(i)$—钢板开始保温后温度超限报警次数

E　出炉实绩预测模块

热处理生产中如可以提前了解当前工况下钢板的加热状况，就可以更好地对加热过程进行干预，提前对加热过程的偏差进行修正处理。因此建立了出炉实绩预测模块，对进出各控制段的板温和出炉板温进行预测。从图 3-52 中可以看出，控制段中的板温预测是加热规程的优化的基础。它是以当前各段炉温、板速以及钢板位置为条件采用钢板温度计算模型对从当前位置行进至出炉位置过程的钢板温度变化进行预测。模型计算流程如图 3-57 所示。

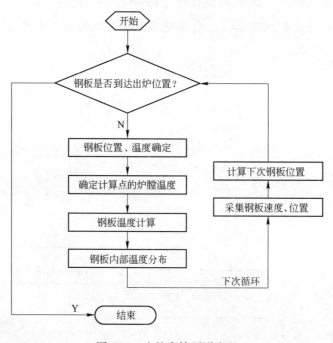

图 3-57　出炉实绩预测流程

F　自学习模块

由于系统中使用的控制模型均为理论模型，计算精度易受加热工况影响。为了在实际使用中准确地描述钢板加热过程，通过热流密度自学习的方法来修正温度预报模型系数及模型计算偏差。其原理就是根据钢板出炉实际检测温度与计算温度，求出热流修正系数，从而提高边界热流的计算精度：

$$\phi_q = \left(\frac{T_m}{T_c}\right)^n \tag{3-38}$$

式中，ϕ_q 为热流修正系数；T_m 为钢板表面温度测量值；T_c 为钢板表面温度计算值；n 为影响指数。

为了消除测量过程的随机干扰，采用一阶滞后滤波算法对热流修正系数进行计算。

$$\phi_{q,use} = r\phi_{q,old} + (1 - r)\phi_q \tag{3-39}$$

式中，$\phi_{q,use}$ 为当前热流修正系数；$\phi_{q,old}$ 为上周期的热流修正系数；r 为滤波中旧值的权重系数。

G 数据通讯及处理模块

数据通讯及处理模块主要用于过程优化控制模型软件与通信中间件软件间的数据交换。过程优化控制模型软件与通信中间件使用消息和共享内存机制进行数据传递，如图 3-58 所示。

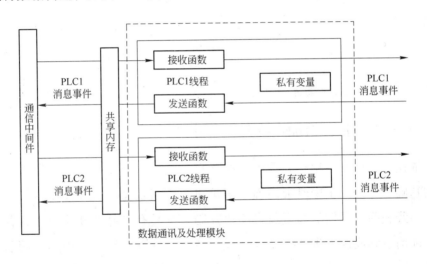

图 3-58 数据通讯及处理模块结构图

当通信中间件接收到 PLC 发送来的数据时，按照定义的数据内容结构体将数据拆分成相应的数据项，写入到共享内存，并且向过程优化控制模型软件发送消息。模型中的数据通讯及处理模块对数据进行处理，并通过消息事件机制将相应的事件触发传递给跟踪调度模块。同样在数据通讯及处理模块接收到发送消息事件后，对共享内存区域的数据按照协议进行序列化处理，发送给通信中间件。

针对部分检测仪表可能在受到干扰的情况下发送一些与正常范围值有明显偏差的过程数据，采用一阶差分法剔除奇异项的方式进行处理。

判断准则：给定一个误差限 Δ，若第 n 次的采样值为 x_n，预测值为 x'_n，当 $|x_n - x'_n| > \Delta$ 时，认为此采样值 x_n 是奇异项，应予以删除，以预测值 x'_n 取代采样值 x_n。

用一阶差分方程推算 x'_n：

$$x'_n = x_{n-1} + (x_{n-1} - x_{n-2}) \tag{3-40}$$

式中，x'_n 为第 n 次采用的预测值；x_{n-1} 为第 $n-1$ 次采样时的值；x_{n-2} 为第 $n-2$ 次采样时的值。

此外为了减少对采样数据的干扰，提高系统的性能，对温度、压力、流量一类信号在数据采集时进行了滤波处理，处理时采用算术平均值法，它的实质就是把一个采样周期内对信号的 n 次采样值进行算术平均，作为本次的输出，即：

$$\bar{x} = \frac{1}{n} \sum_{i=1}^{n} x_i$$

式中，$\bar{x}$ 为 n 次采样的算术平均值；x_i 为第 i 次采样值；n 为采样次数。

3.7 中厚板高温固溶加热技术的应用

依托于宝钢和酒钢热处理生产线项目，在自主研发中厚板高温固溶炉设备的基础上，开发了中厚板高温固溶炉热工模型及自动化控制系统。经现场生产实践表明，开发的模型及自动化控制系统具有良好的使用效果，各项控制指标均达到或优于生产厂及同行业设备考核标准。经固溶炉热处理后的钢板各项性能指标均达到或优于国家标准，满足了实际生产需求。

3.7.1 高温固溶炉工艺技术概况

3.7.1.1 热处理线工艺布置

图 3-59 和图 3-60 分别为宝钢特钢热轧厂和酒钢不锈钢厂热处理生产线的工艺布置图。

两条热处理生产线中的装料辊道、辊底式高温固溶炉、辊式淬火机、淬

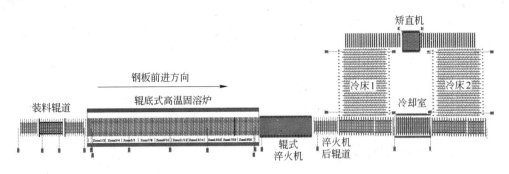

图 3-59 宝钢特钢热处理生产线设备布置图

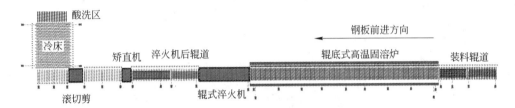

图 3-60 酒钢不锈钢热处理生产线设备布置图

火机后辊道等主要设备均为东北大学轧制技术及连轧自动化国家重点实验室开发。其中辊底式高温固溶炉采用脉冲燃烧控制，最高炉温可达 1180℃，各项设备及控制指标均达到国际先进水平。中厚板辊式淬火机为适应薄钢板产品生产要求，在国内首创汽雾冷却方式。结合水冷方式，该淬火机能够实现高精度淬火控制及自动淬火功能。在宝钢特钢热处理生产线，设计有冷却室，采用具有自主知识产权的冷却技术，结合特钢产品特点，开辟出了中厚板热处理缓冷新途径。

3.7.1.2 高温固溶炉设备及其基本技术参数

宝钢特钢热轧厂和酒钢不锈钢厂热处理生产线的 RAL 高温固溶炉主要技术参数如表 3-6 所示。

表 3-6 RAL 高温固溶炉主要技术参数

应用企业	宝 钢	酒 钢
处理钢种	钛及钛合金、特殊不锈钢、普通不锈钢	AISI200、300 和 400 系不锈钢
年处理量/万吨	11	20

应用企业	宝　钢	酒　钢
钢板厚度/mm	4～40	4～80（100）
钢板宽度/mm	600～2650	1500～3200
钢板长度/mm	2000～8000	2000～12000
加热类型	上下明火加热	上下明火加热
使用燃料	天然气	混合煤气
炉体总长/mm	约65000	约90400
有效炉宽/mm	3000	3600
温度区数	共20区，沿炉长方向上下对称分布	共28区，沿炉长方向上下对称分布
燃烧控制方式	脉冲燃烧控制	脉冲燃烧控制
最高炉温/℃	1180	1180
传动方式	单独变频单独传动	单独变频单独传动
前进方式	连续、步进和摆动	连续、步进和摆动
排烟方式	单烧嘴引射排烟，两段烟气强制排烟，加辅助排烟系统	单烧嘴引射排烟，三段烟气强制排烟，加辅助排烟系统

图3-61为RAL中厚板高温固溶炉设备，主要具有以下技术特点：

图3-61　RAL中厚板高温固溶炉设备

a—宝钢高温固溶炉；b—酒钢高温固溶炉

（1）加热产品的极限规格薄，出炉板形好。加热钢板的最薄厚度为4mm。较薄的钢板加热容易产生变形，从而发生钻辊事故。开发的固溶炉采用了合理的烧嘴布置、炉辊直径及炉辊间距设计。这使加热过程钢板高温变形很小、加热均匀，为薄规格钢板淬火时的良好板形和性能提供了重要保证。

（2）炉辊调速范围大，速度控制精准。由于加热厚度范围宽，所需要的在炉时间差别较大，因此炉辊速度范围较大：炉内进料段为 0.5～20m/min；出料段为了配合淬火机的淬火工艺速度，速度范围更大，为 0.5～40m/min。为此，炉辊采用单独传动单独变频的控制方式，从而实现了精准的速度控制。

（3）加热极限温度高，炉温控制效果好。要求的加热温度高达 1180℃，燃烧系统采用明火加热，与辐射管炉型相比，保证炉温均匀性、温度控制精度的难度更大。烧嘴的点火控制采用了本书开发的新型复合式脉冲燃烧时序控制。每个烧嘴在工作时均是 100% 负荷，钢板加热需要的负荷减少时，单烧嘴的负荷不减少，只减少烧嘴的工作时间。这种控制方式对提高炉子的热效率、保证炉温的均匀性起到了重要作用。

（4）炉体密封性好。炉体为了密封，用附加的钢结构紧密连接。在进料炉门和出料炉门上装有压紧装置，炉内入口和出口设有隔离室，用以最大限度减少冷空气渗入热处理炉，影响炉温和炉压。每个隔离室与炉体间有耐热钢丝软密封帘隔离。密封帘采用耐高温的纤维编织布制成，可在工作温度条件下承受钢板的反复接触而不损坏。在炉墙上安有若干维修门，供检修时出入炉门和运送材料使用，当正常加热时，检修门用螺栓固定以减少散热。

（5）热损失小。炉膛砌体耐火材料由耐火纤维模块和绝热材料组成，以保护钢结构减少热损失，从炉辊以上都是耐火纤维模块，这些模块固定在炉膛内表面。炉顶和炉辊以上部位采用耐火纤维模块轻型结构可使炉子具有较小的热惰性，同时可使炉体蓄热量小、炉膛升温速度快，缩短炉子在停产后再次开炉的升温时间。炉底辊以下由耐火砖砌成，以减少钢板运输时可能造成的损坏。

3.7.2 热工模型及控制系统的实际应用效果

3.7.2.1 热工模型及控制系统稳定性

本书通过某厂控制系统考核指标及考核结果检验构建的热工模型及自动化控制系统的稳定性。部分考核结果如表 3-7 所示。

表3-7 热工模型及自动化控制系统性能指标及考核结果

保证项目	保证指标	保证指标定义及条件	考核结果
HMI和工业以太网运行完好率	≥99.6%[2]	相关定义如下[1] $A = (T - D)/T \times 100\%$	连续运行720h，$A > 99.6\%$
基础自动化系统运行完好率	≥99.8%[2]		连续运行720h，$A > 99.8\%$
过程自动化系统运行完好率	≥99.8%[2]		连续运行720h，$A > 99.8\%$
加热数学模型运行完好率	≥99.8%[2]		连续运行720h，$A > 99.8\%$
网络负荷率	≤20%[2]	不超过该值	系统网络负荷率小于0.03%

①A为有效百分比；T为包括维修时间的整个考核时间；D为故障时间与维护人员的恢复时间，直到设备投入运行。

②在热负荷运行后3~6个月之间。

通过考核结果可知，开发的中厚板高温固溶炉热工模型及自动化控制系统运行稳定，能够满足实际生产需要。

3.7.2.2 热工模型及控制系统使用效果

将开发的热工模型及自动化控制系统应用于RAL高温固溶炉设备，实现了一键式、全连续、全自动化生产。实际生产过程，操作人员只需进行上料确认操作，减少了人工操作的错误率，降低了人力消耗，切实提高了生产的自动控制水平和控制精度。系统投入后，运行稳定，达到了设计指标要求，并迅速转化为生产力，较好地满足了现场的实际需要。加热过程控制系统的投入可以对加热过程全程监控，自动记录工艺过程数据，增强了产品质量的可追溯性，提高了生产管理质量和工作效率，使管理过程更加科学、规范、有序。开发的数学模型控制系统提高了产品性能稳定性，保证了热处理产品的合格率。

A 炉温控制效果

采用开发的新型复合式脉冲燃烧控制方式，解决了明火炉炉温控制精度低的难题。这为高品质钢板的开发提供了有力保障。图3-62为RAL高温固溶炉烧嘴燃烧监视界面的截图。

与辐射管加热方式相比，明火加热方式具有温度控制较难、控制精度不高的缺点。但本研究建立的新型复合式脉冲燃烧时序控制模型实现了炉温控制精度在±3℃内的指标，超过了国外先进工业炉设计公司LOI在某厂建设的辐射管热处理炉的考核指标，如表3-8所示。

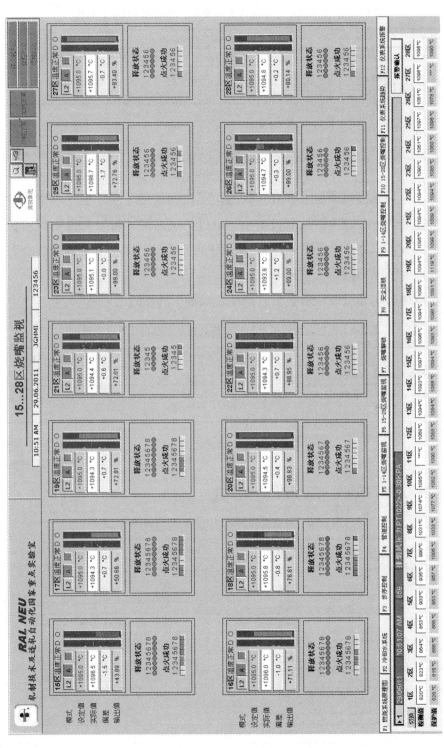

图 3-62 固溶炉脉冲燃烧系统炉温监视界面

表3-8 酒钢高温固溶炉与其他热处理炉炉温控制精度的对比

名　称	炉温控制精度测试值/℃	炉温控制精度保证值/℃
某公司辐射管辊底式热处理炉（LOI 建设）	±10[①]以内	±10 以内
酒钢高温明火辊底式热处理炉（RAL 建设）	±3[②]以内	±10 以内
太钢某中厚板厂高温明火辊底式热处理炉	±20[②]以内	——

①来源于现场测试报告；②现场测试所得。

B 加热过程钢板温度控制效果

钢板在加热过程中要求具有较高的炉温控制精度，同时也要求钢板自身表面加热均匀，表现为钢板同板差小。通过炉尾高温计可以测得钢板沿长度方向的同板差，测试结果见表3-9。从表中可以看到，采用新型脉冲燃烧时序控制模型的酒钢高温明火炉同板差较小，满足了现场考核指标的要求，甚至超过了国外公司建设的辐射管炉的指标，取得了较好的应用效果。

表3-9 酒钢高温固溶炉与其他热处理炉钢板同板差的对比

名　称	钢板上表面同板差测试值/℃	钢板同板差保证值/℃
某公司辐射管辊底式热处理炉（LOI 建设）	±12[①]以内	±15 以内
酒钢高温明火辊底式热处理炉（RAL 建设）	±8[②]以内	±15 以内
太钢某中厚板厂高温明火辊底式热处理炉	±22[②]以内	——

①来源于现场测试报告；②现场测试所得。

表3-10 为2010 年12 月份使用开发的自动化控制系统在酒钢高温固溶炉热负荷生产期间测试得到的钢板加热实绩。

表3-10 酒钢高温固溶炉生产时的出炉实绩

钢板 ID	目标出炉板温/℃	计算出炉板温/℃	实际出炉板温/℃
06122090-04	1080	1087	1083
06122090-07	1080	1088	1083
09012023015	1080	1081	1084
09012023014	1080	1089	1084
09012023013	1080	1089	1083
09012024006	1080	1089	1086
9009010005 D	1060	1069	1066
9009010005 E	1060	1069	1066
9009009003 P	1060	1068	1065
9009009003 Q	1060	1068	1065

钢板 ID	目标出炉板温/℃	计算出炉板温/℃	实际出炉板温/℃
10100639016	1060	1067	1064
10100639017	1060	1067	1063
10100639012	1060	1065	1062

测试钢板品种为 SUS304，计算温度为加热过程自动化控制系统软件计算，实测炉温由炉尾高温计测量。从表中可以看到，使用开发的热工模型及控制系统保证了热处理加热钢板的出炉板温命中率，实际出炉板温与目标板温偏差可控制在 ±8℃ 以内，满足考核指标 ±15℃ 以内的要求；加热过程控制系统计算的出炉板温与实测板温偏差在 ±10℃ 以内，满足工业生产的需求。从表 3-10 中还可以看到，测试钢板稳定生产时，钢板间的异板差较小，满足钢板间温度偏差在 ±15℃ 内的考核要求。

表 3-11 为出炉实绩的统计结果。对比酒钢高温固溶炉与其他厂的中厚板热处理炉出炉实绩统计结果可以看到，酒钢高温固溶炉使用本研究建立的灰色异步粒子群加热优化模型和动态优化策略较好地完成了加热过程的优化控制，取得良好的使用效果，出炉板温实际值与目标值之差较小。使用所建模型，酒钢 RAL 高温固溶炉出炉板温的控制精度要优于太钢某中厚板厂无过程机控制的热处理炉，超过了 LOI 为某公司建设的辐射管炉（具备完善的燃烧及过程控制系统）。

表 3-11 出炉板温实际值与目标值之差对比

名　称	$\Delta T/℃$ [1]
某公司辐射管辊底式热处理炉（LOI 建设）	±15[2] 以内
酒钢高温明火辊底式热处理炉（RAL 建设）	±8[3] 以内
太钢某中厚板厂高温明火辊底式热处理炉	±25[4] 以内

①ΔT = 出炉板温实际值与目标值之差；

②来源于现场测试报告；

③现场测试所得；

④现场测试所得（未配置过程机）。

C　热处理后钢板组织性能控制效果

热处理生产线投产初期主要用于不锈钢热处理生产，其中处理品种多为奥氏体不锈钢。奥氏体不锈钢固溶处理的目的是获得均一、稳定的奥氏体组织，进而获得较好的耐晶间腐蚀能力。表 3-12 为某厂生产的奥氏体不锈钢304（0Cr18Ni9）固溶处理考核指标（GB/T 4237—2007）和性能结果。

表 3-12　某厂 304 钢固溶处理后实测性能参数[①]

钢板 ID	厚度/mm	抗拉强度/MPa	屈服强度/MPa	伸长率/%	断面收缩率/%	硬度 HB	晶间腐蚀
9D724006100	40	610	315	—[③]	70	170	无[②]
9D6W0065100	24	575	255	62	81	156	无[②]
9D6W0104200	20	635	285	59.5	73	174	无[②]
9DA26016300	10	570	275	63	—[③]	156	无[②]
9D6W0065300	6	590	285	62	—[③]	164	无[②]
国　标		520	205	40	60	187	—

①性能测试结果取自某厂技术中心检验科；②无晶间腐蚀倾向；③此项目未检测。

从测试结果看，304 奥氏体不锈钢固溶处理后各项性能均达到或超过国家标准，钢板无晶间腐蚀倾向，奥氏体组织比较单一。

钢板固溶处理后金相组织如图 3-63 所示。

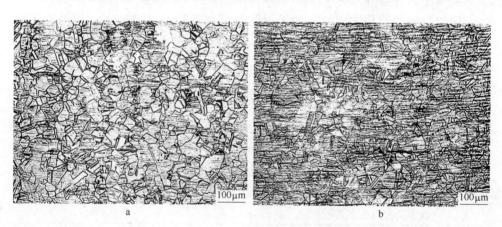

图 3-63　不锈钢 304 固溶处理后的金相组织

a—横向表面；b—横向中心

4 中厚板均匀化辊式淬火技术及装备的研发与应用

4.1 辊式淬火技术的控制要素及研究综述

4.1.1 辊式淬火技术核心工艺要素

中厚板辊式淬火工艺技术主要包括两个方面：一是要求有高强度的冷却能力，保证淬火板材获得所需的组织及性能；二是要求钢板淬火过程的冷却均匀性，以满足淬火钢板的平直度要求。

4.1.1.1 高冷却速度

钢板淬火过程的冷却速度是最重要的工艺要素之一，钢板以大于临界淬火冷却速度的冷速进行快速冷却，是得到马氏体（或下贝氏体）组织的必要条件。在冷却过程中，受材料本身导热影响，厚度方向存在温度差，冷却速度分布不均匀，厚度越大的钢板，温差越大。而冷却速度对钢板的组织性能有很大影响，因此钢板淬火过程中厚度方向的冷却速度控制是达到淬透层深度要求的重要手段，其与淬火设备的冷却方式及淬火介质的冷却特性直接相关。淬火工艺要求淬火设备具备较大的冷却强度和冷却能力。淬火设备冷却能力与淬火介质和钢板表面的热交换方式密切相关。如何使钢板表面和冷却水之间获得合理的换热方式和冷却强度，是中厚板辊式淬火的重要研究内容。

4.1.1.2 高冷却均匀性

淬火过程的冷却均匀性主要体现在钢板淬火后的性能均匀性及板形平直度。对于较厚规格钢板，由于抗变形能力强，冷却均匀与否主要在淬火后的力学性能指标中体现，一般来说，可以通过测量表面硬度均匀性来检测整个冷却区域的冷却强度均匀分布程度；对于薄规格板材淬火过程来说，冷却均匀性直接导致淬火后板形的变化。不同方向的冷却强度非均匀性分布导致淬火后不同类型的变形，且钢板厚度越薄，对冷却均匀性越敏感。高强度均匀化淬火技术的实现，在淬火冷却系统的喷嘴结构设计方面，关键在于考虑沿钢板宽度方向以及长度方向的冷却介质的合理分布。考虑到钢板上表面滞留水对钢板冷却过程的影响，喷水系统在结构上应考虑沿钢板宽向的射流速度的分布问题。

4.1.2 中厚板辊式淬火关键技术研究综述

中厚板辊式淬火技术主要满足淬火钢板的高冷却强度和高冷却均匀性，这在很大程度上依赖于具有高强度冷却能力且冷却介质流量分布合理的淬火系统喷嘴结构。同时，辊式淬火过程中涉及冷却换热机理、淬火过程温度及冷却速度控制、钢板淬火变形规律及控制策略等，这些都是辊式淬火技术的关键核心内容。

4.1.2.1 喷嘴射流冲击流场及换热特性的理论研究

中厚板淬火过程中冷却强度很大，喷水系统必须从结构设计上保证钢板在长度、宽度以及厚度方向的冷却均匀性。目前，对广泛应用的层流冷却设备用的圆形射流喷嘴射流特性的研究较多，但是对于流速较高、湍流流动形态的喷嘴射流的流量分布和冷却均匀性问题，国内研究很少，辊式淬火机喷水系统结构缺乏设计依据。同时，随着国外厂家对中厚板淬火设备及技术开发的深入，国外相关设备厂商已申请了淬火喷水系统的相关喷嘴结构专利，形成了一定程度上的技术垄断。因此，开发具有自主知识产权的流量分布合理的喷水系统结构是均匀化辊式淬火技术的核心关键内容。

辊式淬火机淬火系统的核心是狭缝式喷嘴。为保证淬火介质流量合理分布及冷却均匀性效果，国外辊式淬火机的高压淬火喷嘴均采用多段狭缝式喷嘴拼接方式，从而回避了开发大型整体超宽喷嘴的技术难题。但由于各分段喷嘴在连接处存在淬火介质断点，易于在钢板表面产生淬火盲点并造成薄规格钢板冷却不均，从而导致淬火软点及钢板翘曲变形。国内的研究学者在狭缝式喷嘴结构优化设计和射流均匀性研究方面发表了很多研究成果。东北大学的相关科研技术人员在深入分析中厚板高温水冷换热过程，研究阐明钢板高强度均匀化冷却机理的基础上，利用有限元数值方法，系统研究分析了大型喷嘴进水方式、均流装置、喷嘴体型等结构参数对冷却介质流量分布及中厚板淬火过程冷却特性的影响规律。依托数值模拟计算，并结合喷嘴流量分布实测结果，开发出冷却均匀性好、具有高强度冷却能力的大型整体超宽狭缝式喷嘴结构。

朱启建[54~56]、牛珏[57,58]及周娜[59,60]等人利用有限元数值方法，对集管圆形自由射流冲击钢板的流动与换热特性进行了研究，并分析了射流参数对其换热特性的影响。分别针对冷却系统上、下射流喷嘴，分析了钢板表面温度、射流速度、射流出口直径和射流高度对钢板表面局部热流密度、平均热流密度及换热系数径向变化的影响规律。其研究的圆形喷嘴射流基于层流冷却机理，应用常压水对轧后钢板进行控制冷却，喷嘴直径为 $16\sim24\mathrm{mm}$，距钢板上表面高度为 $1.5\mathrm{m}$ 左右，射流速度范围为 $1.0\sim2.0\mathrm{m/s}$。

刘国勇、朱冬梅等[61~65]分析了缝隙冲击射流换热过程的机理，并分析了射流高度、射流速度、射流角度、射流缝宽、水温及钢板温度等因素对表面换热系数和热流密度的影响。关于钢板表面温度对换热系数的影响，他们认为，钢板温度的变化并不改变表面换热系数的分布，但钢板温度越高，其热流密度越高。以上各种影响射流冲击换热的因素中，射流速度对冲击区的换热影响最显著，其次是水温及喷嘴的宽度，而射流出口速度方向与冲击板的夹角只影响局部换热系数的分布。

4.1.2.2 中厚板淬火过程换热机理及对流换热系数计算分析

中厚板淬火过程的换热系数可以简单地以常数表示，用以表征设备的冷却强度，文献采用平均换热系数的表示方法，研究了常压水流与喷射水流等不同冷却方法和设备的冷却能力以及温度场情况。但考虑到实际淬火过程中表面热交换与钢板表面的温度有关，将换热系数表示成钢板表面温度的非线性函数。其优点在于采用实测时间-温度曲线和数值计算相结合得到的钢板表面换热系数，能定性地反映表面换热系数随表面温度变化的全部情况，提高淬火过程温度的计算精度，是一种能有效得到表面换热系数的方法。

两种形式表示的换热系数均是基于冷却过程的钢板温度变化进行求解计

算得到的。基于实测温度求解得到换热系数的问题属于反向热传导问题或热传导过程的逆问题，其特点是利用已知物体内部一点或多个点的温度及其随时间的变化，通过求解导热微分方程，来反推物体表面的边界条件、热物性参数、表面综合换热系数以及初始条件等未知项。对求解随温度变化的换热系数反传热问题，因其在工程实际中有重要的应用价值，已吸引了国内外很多学者进行研究，探讨了很多较为成功的求解处理方法。

针对温度场数值计算以及寻找最优换热系数的方法问题，不同的研究者提出了各具特色的计算方法。比较有代表性的算法有如下几种：

（1）Fletcher 和 Prince 等[66]采用显式有限差分格式与数值迭代方法确定得到了钢板表面的换热系数。

（2）刘庚申[67]采用完全隐式有限差分格式的温度场数值计算方法，通过单纯形法对换热系数进行寻优处理。

（3）李辉平和赵国群等通过把有限元方法引入反向热传导问题，结合最优化方法中的进退法和试探法对换热系数进行寻优确定。

（4）J. V. Beck[68]采用显式有限差分格式的温度场数值计算方法，通过非线性估计法对淬火过程的换热系数进行了寻优计算。

近来关于表面综合换热系数的研究表明：淬火时的表面综合换热系数对实验条件极其敏感，实验条件的微小变化，都将会使淬火时表面综合换热系数产生较大的误差。因此，想通过换热系数来指导研究不同厚度钢板辊式淬火温度场变化，就要寻求基于实际生产的实验数据来分析计算得到的表面换热系数变化规律的研究方法。

4.1.2.3 中厚板辊式淬火板形控制难题的研究进展

钢板淬火过程的板形控制是辊式淬火机淬火工艺实际应用中非常重要的问题。淬火后板形的好坏是淬火过程中钢板冷却均匀与否的直接体现，也是淬火过程中钢板内应力综合作用的宏观表现。钢板淬火后的马氏体层硬度很高，使钢板的屈服强度大幅度提高，若淬火后板形太差，则很难得到矫正。而且钢板宽度越宽，厚度越薄，其宽度方向的冷却均匀性控制难度也越大，淬火过程的板形控制难度亦越大，对淬火设备的冷却均匀性要求越高。由于其技术复杂，控制难度大，薄规格中厚板辊式淬火技术更是被国外少数公司所垄断，对外只出售成品板，对核心技术严格保密，因此薄板淬火过程控制的相关研究较少。

4.2　具有高冷却强度及冷却均匀性的淬火系统喷嘴优化设计

中厚板淬火系统的核心在于开发出具有高强度冷却能力且冷却介质流量分布合理的淬火系统喷嘴结构。淬火冷却系统必须能够均匀控制钢板淬火过程各向的性能，尤其是宽度方向均匀性及可控性。其中，狭缝式喷嘴流速较高，射流冲击强度大，对钢板具有良好的换热能力，是淬火喷水系统的关键结构部件。

4.2.1　高温钢板水冷过程的局部换热区描述

冷却水流冲击到高温钢板表面，经典的局部换热区描述形式如图 4-1 所示[69~71]。

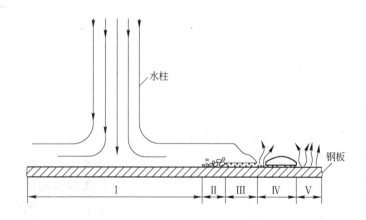

图 4-1　钢板表面局部换热区描述

Ⅰ—单相强制对流；Ⅱ—核态/过渡沸腾区；Ⅲ—膜态沸腾区；

Ⅳ—小液态聚集区；Ⅴ—向环境辐射和对流散热

根据图 4-1 所示，钢板局部换热区主要划分为单相流体的强制对流换热区、核态及过渡沸腾换热区、膜态沸腾换热区以及辐射换热区等。水流落到热钢板表面以后，在水流下方和几倍水流宽度的扩展区域内，形成具有层流流动特性的单相流体的强制对流换热区域（区域Ⅰ），也称为射流冲击换热区。随着冷却水的径向流动，流体逐渐由层流到湍流过渡，流动边界层和热边界层厚度增加。高温壁面附近的冷却水被加热开始出现沸腾，形成范围较窄的核状沸腾和过渡沸腾区域（区域Ⅱ）。随着表面滞留水温度的升高，高温钢板表面上形成稳定的蒸汽膜层，钢板表面出现膜态沸腾换热区（区域Ⅲ）。随着流体沸腾汽化，在膜态沸腾区之外，冷却水在表面聚集形成不连续的小液态聚集区（区域Ⅳ），该区域内的热交换过程实质上也属于沸腾换热。冷却水未覆盖的地方则形成辐射换热区。

实际运动钢板的水冷过程，钢板长度方向依次经过喷嘴出流冷却区域。一定的钢板位置将依次出现上述的局部热交换形式。除因冷却设备喷嘴直径和喷嘴排布方式不同，使各局部换热区在钢板整个换热过程中所占的大小比例不同外，所形成的局部换热区和换热方式基本是相同的。

4.2.2 淬火喷水系统的结构设计

流量分布合理的喷水系统是保证钢板均匀冷却的先决条件。喷水系统射流在钢板表面上的流量分布不仅取决于射流冲击区的分布，同时还与冷却介质在钢板表面上的流动有关。喷射到钢板上表面的冷却水流将会在板面上滞留一段时间，受相邻喷嘴射流冲击阻隔作用，在滞留水最终从钢板宽向边部流下的过程中，钢板上表面水流量将在宽度方向呈马鞍形分布。流量的这种不均匀分布，将导致钢板在宽度方向中部温度高于边部，造成钢板宽向的冷却不均。为此，设计喷水系统结构时应使喷嘴出流的冷却介质流量沿板宽方向呈中凸分布，并沿板宽中心线呈左右对称。如果不能做到流量中凸也一定要保证喷嘴出流的介质流量沿板宽方向均匀分布，这样才能在钢板冷却过程中保证板宽方向的冷却均匀。影响沿板宽方向流量分布的结构因素主要有集管进水方式、均流结构设计以及喷嘴体型等。

4.2.2.1 集管进水方式对流量分布的影响

中厚板辊式淬火机低压段采用集管形式喷嘴，喷嘴沿集管长度方向均匀分布。集管进水方式是影响集管长度方向喷嘴出流分布状况的重要因素之一。进水方式主要有端部进水和中间进水两种方式。进水方式不同，集管长度方向喷嘴出流在钢板表面上的流量分布状况不同。为得到合理的淬火系统流量分布，对比分析了两种进水方式对集管长度方向流量分布的影响规律。

考虑到喷嘴结构的对称性，为便于计算，在有限元建模过程中，取实际集管的 1/4 长度，单排喷嘴个数为 10 个，共四排，分两边对称排布，各喷嘴直径和间距不变。两种进水方式集管内的流体有限元模型如图 4-2 所示。

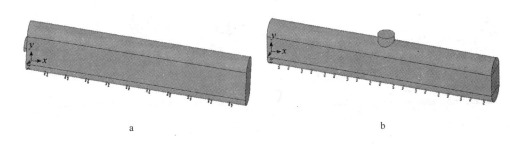

图 4-2　不同进水方式的集管有限元模型

a—端部进水集管形式；b—中间进水集管形式

忽略集管初始充水的瞬态过渡过程，考虑稳定的集管喷嘴出流，入口工作压力保持不变。集管内的流体流动模拟，进、出口的边界条件设定有两种方式[72]：一是指定集管进口流动速度，即在边界上指定所有速度分量，出口边界设定压力为零，求解出口水流参数；二是指定压力，集管进口设定为压力边界条件，即压力已知，出口压力边界条件仍设定为零，求解出口水流参数。模拟计算中，设定流体集管入口压力为 0.35MPa，即压力已知。流体与集管相交的壁面边界条件，均为设定壁面所有速度分量为零。图 4-2 所示为不同进水方式的集管有限元模型。

有限元模型网格划分采用三维流体单元 FLUID142。流体参数为 20℃水的物性参数，即密度为 998.2kg/m³，动力黏度系数 $\eta = 1.002 \times 10^{-3}\mathrm{Pa \cdot s}$。集管的流体模型，除进水方式不同外，采用同样的单元密度、数目以及边界条件，以保证计算结果的可比较性。模拟计算得到的集管喷嘴射流的速度矢量分布如图 4-3 所示。

取集管长度方向各喷嘴出口的射流速度进行比较。因湍流射流具有一定的扩散度（表现为喷嘴出口断面射流的速度由内向外递减），为便于分析，这里取各喷嘴出口的平均射流速度 $\bar{v}$：

$$\bar{v} = \frac{\sum\limits_{i=1}^{n} v_i}{n} \tag{4-1}$$

式中 i ——各喷嘴出口断面沿直径方向的有限元网格节点个数；

v_i ——各喷嘴出口断面沿直径方向各节点的速度值。

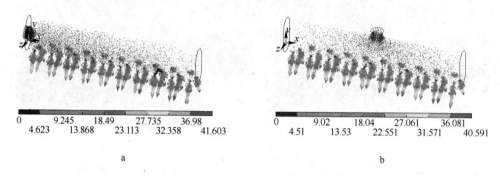

图 4-3 不同进水方式的流体速度矢量分布

a—端部进水集管；b—中间进水集管

图 4-4 表示了两种进水方式下，集管长度方向喷嘴（以图 4-3 中两种集管前侧内排喷嘴为例，从左至右排布为 1 号 ~ 10 号）出口的平均射流速度分布状况。

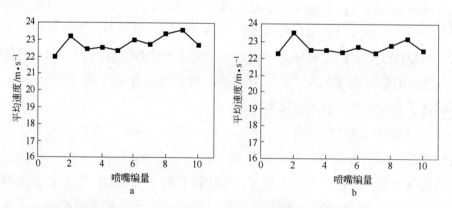

图 4-4 不同进水方式下喷嘴射流的速度分布状况

a—端部进水；b—中间进水

在图 4-4a 所示端部进水情况下，沿集管进水方向，喷嘴出口射流平均速度近似呈现逐渐增大的趋势。原因可解释为集管一端进水，从入口到终端，流体沿集管长度方向的流速逐渐降低，流体的动头逐渐转化为位头，使喷嘴出口射流速度逐渐增大。

在图4-4b所示中间进水方式下，从集管中部向两个边部方向，喷嘴出口射流的平均速度呈现逐渐增大的趋势。进一步的分析还表明，随进水口位置与集管中间喷嘴位置的变化，中间进水形式的集管可形成一定的中凸水量分布。因此，中间进水形式的集管在实际使用中易于获得较为合理的水量分布。

4.2.2.2 均流装置对喷嘴流量分布的作用

层流冷却设备通常在集管内设置套管或阻尼隔板来实现板宽方向冷却水流量的均匀分布[73]。但对于较高供水压力作用下均流结构对湍射流流量分布的影响效果，尚未见到较为详细的分析。

对比模型采用中间进水集管形式（见图4-5b），集管内设置阻尼板后计算得到的喷嘴（同样以集管前侧内排喷嘴为例）出口射流速度的分布状况如图4-5所示。图4-5b中的速度值为各喷嘴出口的平均射流速度$\bar{v}$。

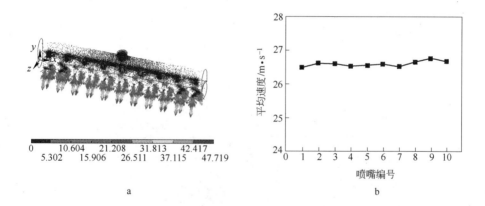

图4-5 加隔板后集管长度方向各喷嘴出口射流的速度分布状况
a—喷嘴的流体速度矢量分布；b—各喷嘴出口的平均射流速度分布

由图4-5可见，集管内增加均流隔板后，可较明显地改善各喷嘴射流平均速度分布的均匀性。但由于湍流的流动特性与层流不同，导致均流隔板的阻尼作用很难达到层流特性下的流量均布效果。进一步的模拟计算表明，集管内均流隔板阻尼孔位置及布置方式的改变将导致不同的流量分布规律，集管结构设计中需要予以综合考虑。

4.2.2.3 喷嘴体型对出口断面射流流动特性的影响

保证射流对钢板表面保持一定的冲击压力和冲击区面积，应使喷嘴出口射流尽可能保持紧密状态，紊动扩散越小越好。前述对于喷嘴出口断面流速均匀分布的理想简化，事实上大多不可能做到。研究表明，只有在喷口上游喷嘴有很好设计的收缩段时才有可能导引流体达到或近于这种断面流速的均匀分布[74]。

实际工作中，人们为了使射流出射断面流速分布均匀和紊动强度降低，常采用收缩形的喷嘴控制射流，达到整流的目的。喷嘴进出口断面面积的收缩比与时均流速分布的均匀性和紊动衰减的关系，在理论上还没有一致的结论。这里，我们从实用角度出发，分析了几种不同体型的圆形喷嘴对出口射流初始断面扩散度的影响，用于淬火机冷却系统喷嘴的结构设计参考。

图4-6为常用的四种轴对称收缩型喷嘴的形式。四种喷嘴的区别主要在

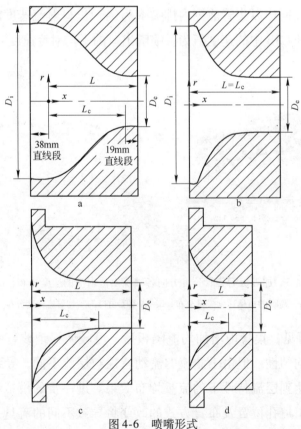

图4-6 喷嘴形式

a—CE 型；b—BS 型；c—ASME HB 型；d—ASME LB 型

于喷嘴线型曲线不同。CE 型喷嘴的线型设计公式为：

$$r = \frac{D_i}{2} - \frac{3}{2}(D_i - D_e)\left(\frac{x}{L}\right)^2 + (D_i - D_e)\left(\frac{x}{L}\right)^3$$

式中，长度 L 与 D_i 及 D_e 无关。这种喷嘴在上游和下游都有一短的等截面段。

对于 BS 型喷嘴，其线型按下列经验公式计算：

$$\frac{1}{A^2} = \frac{1}{A^2} + \left(\frac{1}{A_e^2} - \frac{1}{A_i^2}\right)\left(\frac{x}{L} - \frac{1}{2\pi}\sin 2\pi \frac{x}{L}\right)$$

式中，A 是断面面积（$A = \pi R^2$）；下标 i 表示进口；e 表示出口。

HB 型喷嘴的直径比 $\beta > 0.25$，$\beta = \dfrac{D_e}{D_i}$；LB 型喷嘴 $\beta < 0.5$，采用的直径比

均为 $\beta = 0.3$。四种喷嘴线型沿轴向收缩比 $c\left(c = \dfrac{D_i^2}{D_e^2}\right)$ 的变化如图 4-7 所示。

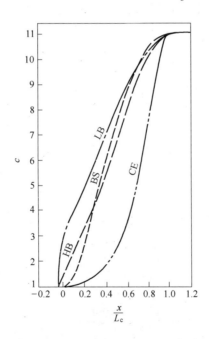

图 4-7 四种喷嘴轴向收缩比 c 的变化曲线

在空气介质条件下，四种喷嘴出口射流断面的流动特性为：

（1）收缩后喷嘴出口断面上的时均流速都基本上达到均匀分布。可见通过收缩调整流速分布的效果都是很好的。四种喷嘴中，边界层最薄的是 CE 型喷嘴。

（2）收缩后断面上沿纵向湍动强度的分布基本上也是均匀的。其中，CE型喷嘴的湍动强度最低，而 HB 型和 LB 型则最高。

根据上述分析，出射断面的收缩对调整喷嘴出口平均流速分布是很有效的，四种喷嘴均可达到出口断面流速均匀分布的目的。CE 型喷嘴的出口射流边界层最薄，紊动强度最低，对降低喷嘴出口射流的起始紊动是最有效的。

4.2.2.4　具有自主知识产权的缝隙喷嘴结构

缝隙喷嘴能够产生流量分布更为均匀的出口射流[75,76]，在中厚板淬火设备中应用较为广泛。为保证中厚板淬火过程中的冷却均匀性和板材平直度，在分析研究同类喷嘴结构特点的基础上，结合上述喷嘴结构对出口射流流量分布的影响作用，同时兼顾喷嘴使用工况，研发设计了具有自主知识产权的缝隙喷嘴[77]。其结构如图 4-8 所示。

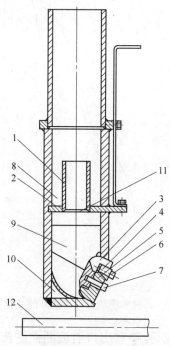

图 4-8　具有自主知识产权的缝隙喷嘴结构

1—均流筒；2—隔板；3—引水板；4—调整滑块；5—引水挡；6，7—调整连接件；
8—隔板空腔；9—喷嘴下腔；10—冷却腔；11—隔板孔；12—待冷却扁平材

本设计在如下几个方面有创新之处：（1）通过引入两个自冷却系统，有效克服了焊接结构在冷却高温板材过程中因高温烘烤引起的热应力变形；（2）喷嘴缝隙通过滑块与斜块配合，实现对喷嘴缝隙的定位，防止位移，确保喷嘴工作结构稳定。具体的结构设计及原理可参考相关文献。

本装置所设计的冷却结构解决了焊接结构在使用中的受热变形问题，并回避了铸造加工难题，降低了制造成本，使用效果和使用寿命都得到显著提高。

4.2.3 缝隙喷嘴射流流场的有限元模拟

4.2.3.1 喷嘴出口射流流场的模拟

辊式淬火机淬火系统中，缝隙喷嘴对淬火过程中钢板的性能和效果影响最大。为此，基于自主研发设计的缝隙喷嘴结构，模拟分析了在一定冷却系统压力下缝隙喷嘴的出口射流流场情况。考虑到缝隙喷嘴结构的对称性，建模过程中取实体结构的一半。建立的缝隙喷嘴内流体的三维实体有限元模型如图4-9所示。

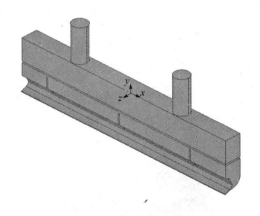

图4-9　缝隙喷嘴的流体有限元模型

单元类型采用三维流体FLUID142，流体特性为常温20℃下水的性质，即密度为998.2kg/m³，动力黏度系数$\eta = 1.002 \times 10^{-3} \text{Pa} \cdot \text{s}$。因喷嘴实体模型不规则，采用自由网格划分单元，对缝隙喷嘴内阻尼孔及喷嘴进出口处等特殊部位的模型单元进行了细化，以确保求解的计算精度。分析过程中实体模型的单元网格数为266816，单元节点数为55551。

边界条件及载荷施加：缝隙喷嘴入口施加压力边界条件为0.8MPa；出口边界设定相对压力为零；对称断面上施加对称约束；壁面设定零速度；环境条件$g = 9.8\mathrm{m/s^2}$，大气压$p_0 = 1.013 \times 10^5\mathrm{Pa}$。

图4-10为计算求解后的缝隙喷嘴横截面出口射流的流场情况。

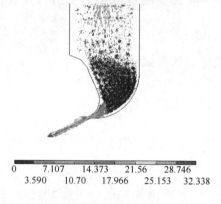

0		7.107		14.373		21.56		28.746	

3.590　　10.70　　17.966　　25.153　　32.338

图4-10　缝隙喷嘴横截面的流体流场情况

由计算结果所示，在入口压力为0.8MPa的条件下，喷嘴出口射流最大速度为32.339m/s。在缝隙喷嘴出口处，缝隙射流存在一定的紊动扩散现象，这与现场实际的缝隙喷嘴出流情况是较为一致的。这是由于喷嘴出口的流体约束消失及射流断面速度很难实现理想的流速均匀分布而导致的。

图4-11为缝隙喷嘴出口射流沿喷嘴长度方向（即钢板宽度方向）的流场

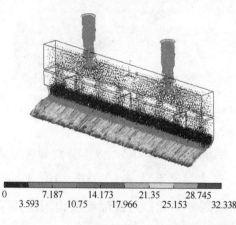

0　　7.187　　14.173　　21.35　　28.745
　3.593　　10.75　　17.966　　25.153　　32.338

图4-11　出口射流沿喷嘴长度方向的流场情况

情况。图4-12为通过定义缝隙射流宽度方向上中心节点沿喷嘴长度方向的路径所作出的射流速度分布曲线。可以看出，模拟计算与解析计算的结果相近。在该喷嘴结构下，出口射流沿喷嘴长度方向的速度分布较为均匀，紊动度小，有利于保证淬火过程中钢板宽度方向的冷却均匀性，验证了缝隙喷嘴结构的设计合理性。

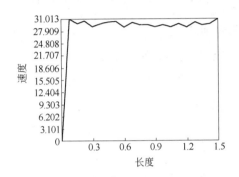

图4-12　缝隙射流中心节点的流场速度分布曲线

4.2.3.2　缝隙射流在钢板上的流场及冲击压力分布

　　射流在换热表面上冲击压力值的大小，决定了换热过程中换热强度的高低，表征了冲击射流对加热表面换热能力的强弱[78]。因此，喷嘴出口射流在钢板表面上的压力分布状况，体现了冲击射流对换热表面的冷却均匀性。

　　考虑到模型建立过程中单元数量过多以及计算模拟过程复杂而造成的计算困难，基于上述缝隙喷嘴出口射流流场的模拟结果，通过将缝隙喷嘴的出口射流速度作为该问题分析模拟的初始边界条件，在同样能够模拟射流冲击钢板表面的流场特性的前提下，可大大减少计算时间。

　　建模过程中，取一定宽度的钢板，模拟缝隙射流冲击到钢板上表面的流场情况及压力分布。缝隙射流的参数主要为喷嘴宽度 W、射流距离钢板上表面的高度 H 以及射流与钢板之间的夹角 α。为得到缝隙射流在钢板上表面的冲击压力分布状况，采用三维实体模型建立有限元分析模型，如图4-13所示。

　　采用映射网格划分单元，单元类型为三维流体 FLUID142。流体材料特性同上节模拟计算过程的设定参数值。

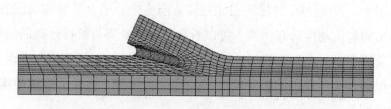

图4-13 缝隙射流冲击钢板上表面的有限元模型

边界条件及载荷施加:

(1)对缝隙喷嘴出口射流断面施加喷嘴出口射流速度分量。设定水平速度分量为26.9m/s;垂直速度分量为13.15m/s;即射流的合速度值为30m/s;体积组分 VFRC = 1;相对压力为零。

(2)钢板表面施加的所有速度分量均为零。

(3)其余流体区域体积组分 VFRC = 0。

(4)环境条件 $g = 9.8\text{m/s}^2$,大气压 $p_0 = 1.013 \times 10^5 \text{Pa}$。

射流距离钢板上表面的高度 H、射流与钢板之间的夹角 α 均采用实际现场的设备安装尺寸。求解计算后缝隙射流冲击到钢板上表面在冲击点附近的流场情况如图 4-14 所示。

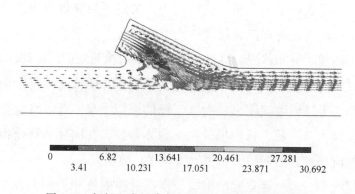

| 0 | 6.82 | 13.641 | 20.461 | 27.281 |
| 3.41 | 10.231 | 17.051 | 23.871 | 30.692 |

图4-14 钢板上表面冲击点附近缝隙射流的流场情况

根据模拟结果,射流在30m/s 的初始条件下,冲击到钢板表面的射流合速度值最大为30.692m/s。由于缝隙喷嘴距离钢板上表面的高度 H 较小,冲击到钢板上表面的射流速度并未因重力作用而有明显增加。可见,射流冲击到钢板表面上的速度在一定程度上取决于初始射流速度。但值得注意的是,射流在钢板表面上的冲击落点却因重力作用而偏离几何驻点向上游移动,且冲击到钢板表面的射流受钢板表面阻挡而向右上方表现出明显的反弹。冲击到钢板表面的流体，大部分沿喷嘴射流方向形成壁面射流区，部分流体产生与射流方向相反的回流，回流流体速度相对较小，这是与现场实际情况一致的。为保证淬火效果，工厂布置时淬火机与热处理炉距离很近。淬火过程中钢板运行速度较慢，冷却水的回流有可能进入热处理炉内，影响加热炉工作。这是辊式淬火机结构设计中必须予以考虑的问题。

图 4-15 为缝隙射流冲击到钢板表面上时，射流沿钢板宽向的冲击压力分布状况。从图中可以看出，缝隙射流在钢板表面上的冲击压力沿板宽方向的分布一致性良好，在一定程度上表明了淬火过程中缝隙射流沿板宽方向具有良好的冷却均匀性。

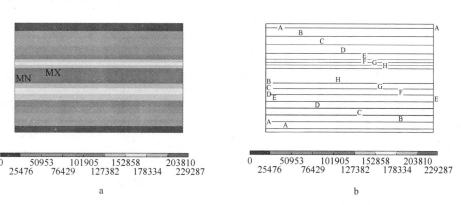

图 4-15　缝隙射流冲击到钢板上的压力分布状况（沿钢板宽度方向）

a—钢板表面上的冲击压力云图；b—钢板表面上的冲击压力等值线图

此外，根据模拟计算结果，具有一定喷射角度的缝隙射流，其冲击压力的主要贡献者是射流的垂向速度分量。水平分量在一定程度上转化为钢板表面上流体沿射流方向流动的驱动量，从而影响钢板表面冲击换热区外滞留水的对流换热效果。

4.3　高效淬火工艺换热过程研究分析

中厚板辊式淬火过程中，钢板表面与淬火介质间进行换热，这种换热是对流、辐射及沸腾换热综合作用的结果。在钢板淬火过程温度场、应力场的数值模拟中，需要建立热交换边界条件，而表面综合换热系数是建立淬火工艺过程换热边界条件的最关键参数，它的选择对淬火过程数值模拟的计算精度有决定性影响。

本节针对钢板辊式淬火过程，建立了钢板的非线性热传导控制方程，利用逆求解法来计算表面综合换热系数。在非线性估算法测算换热系数的算法基础上，采用等效比热法处理相变潜热，在温度场的求解中考虑了相变潜热的影响，建立了换热系数的计算模型，编制计算程序，根据钢板在辊式淬火过程中内部温度的实测结果，计算分析了淬火过程中换热系数随钢板表面温度的变化关系。

4.3.1 钢板辊式淬火过程换热机理

高温钢板淬火冷却过程中的热交换方式主要为对流换热[79,80]，有两种形式，一是有一定压力的冷却水流冲击到钢板表面形成的单相流体的射流冲击换热；二是冷却水在高温钢板表面的沸腾换热。这两种对流换热方式是中厚板淬火过程中的主要换热方式，同时也是研发高效冷却技术、提高钢板冷却效率的理论基础所在。

钢板辊式淬火过程中高压冷却水冲击换热钢板表面时，射流冲击区钢板表面流动边界层和热边界层大为减薄，大大提高了热传递效率，其换热能力与射流速度以及冲击压力密切相关。换热表面上压力值的大小，表征了传热能力的强弱。热交换在射流冲击点处出现最大值，然后沿径向距离的增大而逐渐减小。基于辊式淬火机射流流动结构特点，在淬火过程中，随着倾斜射流最大冲击压力区向射流倾斜的上游方向移动，淬火钢板最大换热系数的几何位置将向射流倾斜的上游方向偏移。此外，壁面射流与周围介质之间的剪切所产生的湍流，被输送到传热表面的边界层中，使得壁面射流也具有很强的传热效果。

辊式淬火机采用高低不同的冷却水压力，得到高低不同的射流冲击速度，从而可获得不同的冷却强度[81~87]。同时，在淬火喷水系统喷嘴布置上，通过减小喷嘴间距，在淬火钢板表面形成大范围的射流冲击换热，减小热交换过程的沸腾换热过程，从而实现钢板淬火过程的高强度冷却及微观换热过程的稳定性和均匀性。

4.3.2 淬火时表面综合换热系数的求解原理

钢板在辊式淬火过程中，高温钢板表面与高压冷却水间的换热过程非常复杂。要对钢板淬火工艺过程进行数值模拟，需要准确确定钢板淬火时的换热边界条件，而表面综合换热系数是建立淬火工艺过程换热边界条件的最关键参数。

求解淬火时表面综合换热系数，并用来确定淬火换热边界条件是一个淬火导热逆问题。从反导热求解法出发，利用热电偶和温度记录仪测定辊式淬火工艺过程钢板内部温度变化，用该已知量、有限差分法和非线性估算法求解钢板淬火过程表面综合换热系数。在计算表面综合换热系数的过程中，用有限差分法建立钢板淬火过程非线性热传导控制方程组的有限差分格式；在求解钢板辊式淬火温度场的同时，用非线性估算法对表面综合换热系数进行迭代计算。

4.3.3 逆求解法计算淬火时表面综合换热系数

4.3.3.1 热传导方程与边界条件

淬火钢板长度及宽度尺寸相对厚度尺寸较大，长度方向及宽度方向的热交换相对较小，可以忽略不计[88]，可以考虑为无限大平板热传导问题，对应的一维非稳态导热微分方程为：

$$\rho(T)c_p(T)\frac{\partial T}{\partial t} = \frac{\partial}{\partial z}\left(\lambda(T)\frac{\partial T}{\partial z}\right)$$

采用等效比热法，考虑相变潜热，对应的热传导方程为：

$$\rho(T)c_e(T)\frac{\partial T}{\partial t} = \frac{\partial}{\partial z}\left(\lambda(T)\frac{\partial T}{\partial z}\right)$$

$$c_e(T) = c_p(T) - L\frac{\partial V}{\partial T} = c_p(T) - L\frac{\Delta V}{\Delta T}$$

式中，$\rho(T)$ 为材料密度；$c_p(T)$ 为材料等压比热容；$\lambda(T)$ 为材料导热系数；L 为材料相变潜热；$c_e(T)$ 为材料等效比热容；ΔV 为 Δt 时间内组织的体积百分含量；ΔT 为 Δt 时间内的温度转变量。

边界条件为：

$$- \lambda(T) \frac{\partial T}{\partial z} = h(T_s - T_w)$$

式中，h 为考虑辐射传热的综合对流换热系数；T_s 为钢板表面温度；T_w 为冷却介质温度，即水温。

根据非线性热传导方程的有限差分离散法，采用显示有限差分格式，方程变为：

$$\rho c_e \frac{T_i^j - T_{i-1}^j}{\Delta t} = \lambda \frac{T_i^{j+1} - 2T_i^j + T_i^{j-1}}{\Delta z^2}$$

$$h(T_i^1 - T_w) = -\lambda \frac{T_i^2 - T_i^1}{\Delta z}$$

4.3.3.2 逆求解法计算过程

根据上述的导热过程及边界条件的差分方程，用非线性估算法[89~92]对表面综合换热系数进行迭代计算，令：

$$\delta = \sum_{i-1}^n (T_i^{exp} - T_i^{cal})^2$$

非线性估算法的关键是使得 δ 最小，即：

$$\frac{\partial \delta}{\partial h} = (T_i^{exp} - T_i^{cal}) \frac{\partial T_{m+1}^{cal}}{\partial h} = 0$$

式中，T_{m+1}^{cal} 为第 $m+1$ 次的温度迭代值；T_i^{exp} 为温度测量值。

将 T_{m+1}^{cal} 展开为泰勒级数：

$$T_{m+1}^{cal} = T_m^{cal} + \frac{\partial T_{m+1}^{cal}}{\partial h} \Delta h$$

在边界上：

$$- \lambda(T) \frac{\partial T}{\partial z} = h(T_s - T_w)$$

则

$$\Delta h = \frac{-\lambda}{T_s - T_w} \times \frac{T^{cal} - T^{exp}}{\Delta z}$$

引入加权参数 ξ，上式变为：

$$\Delta h = \xi \frac{-\lambda}{T_s - T_w} \times \frac{T^{cal} - T^{exp}}{\Delta z}$$

计算过程中，首先给定表面换热系数初始值 h_0，利用以上公式可以得到各节点的温度值 T_1^i，将计算所得据表面距离为 1mm 的节点温度计算值 T_1^{cal} 与该节点的温度测量值 T^{exp} 进行比较，如果满足下式：

$$|T_1^{cal} - T^{exp}| \leq \delta$$

则进入下一个时间步长，否则，修改表面换热系数 h，即：

$$h = h_0 + \Delta h$$

式中的 Δh 值可按上述公式计算，以新的 h 为基础，重复上述迭代过程，直至温度计算值与测量值的偏差小于 δ。在不同的时间步内重复上述过程，直到所有时间步长之和等于总的淬火时间。在计算结束后，即可得到随淬火钢板表面温度变化的表面综合换热系数。图 4-16 为换热系数的计算流程图。

4.3.4 基于工业生产实际的钢板辊式淬火实验

采用逆求解法求解钢板淬火过程的表面换热系数时，需实验测量淬火过程中钢板温度随淬火时间的变换曲线，即淬火冷却曲线。多数学者采用实验室的简单淬火装置进行淬火实验，对小尺寸试样钢板以静止状态模拟实际淬火过程。由于受钢板尺寸、冷却水工况参数等因素的影响，与钢板真实辊式淬火工艺过程有一定的偏差。为了使得实验测量数据符合真实淬火情况，作者采用工业在线实验，测量实际淬火过程中的钢板心部温度变化曲线。

4.3.4.1 实验设备及实验材料

实验测试钢板选取热轧态的 Q690-QT 钢种，钢板尺寸为 50mm × 2280mm × 12000mm，高温奥氏体化进行辊式淬火处理。为避免辊式淬火过程中高压冷却水对测量数据结果的干扰，在钢板头部和侧面的厚度方向 1/2 处钻测温孔，位置如图 4-17 所示。

测温采用直径为 3mm 的 K 型镍铬-镍硅铠装热电偶，具有较高的动态响应速度，温度记录周期为 0.1s，经标准热电偶校验，在 0 ~ 1000℃ 该热电偶的测量误差为 ±1.1℃。钢板温度跟踪记录仪通道数为 7 通道，采样周期为 0.1s，温度记录器外用高级耐火纤维进行绝热和保温。

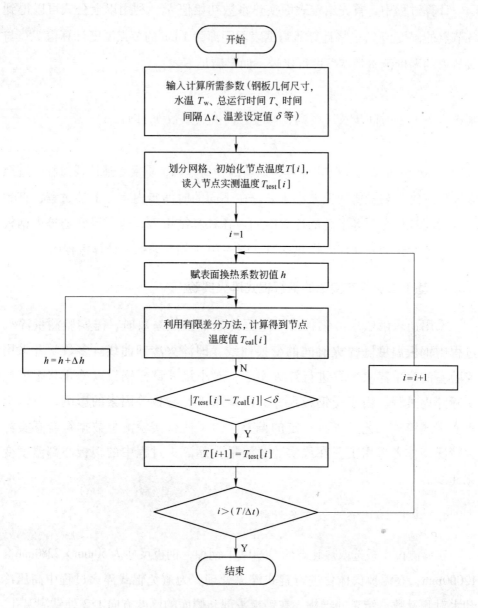

图 4-16 温度场差分求解程序流程图

测试装置形式如图 4-18 所示，整体由测温钢板、辅助钢板、连接杆、温度记录仪和热电偶组成。根据测温点位置要求在钢板侧边四周加工有 100 ~ 150mm 深测温孔，将热电偶测温端插入孔内，并做密封处理。钢板温度记录仪放置在耐高温且防水的密闭铁箱内，固定在辅助钢板末端。辅助钢板和测

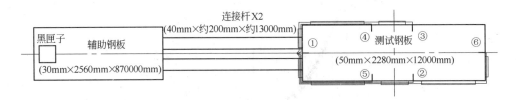

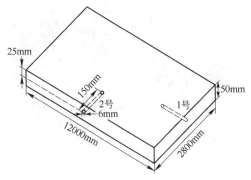

图 4-17 测试钢板热电偶安装位置示意图

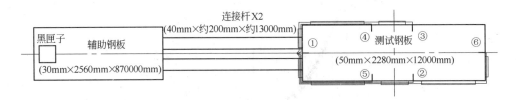

图 4-18 测试用钢板信息及相对位置示意图

温钢板之间焊接连接杆相互连接成整体，将热电偶的测温端部插入到测温孔后，将测温端上的锁紧螺母和测温钢板上的测温孔周围通过焊接方法焊死，保证冷却水不进入到测温孔中。热电偶通过安置在辅助钢板上的导线与温度记录仪连通。连接杆数量可为 2~3 根，连接杆宽 200mm。测温孔直径 6mm，深度为 150mm。

4.3.4.2 实验工艺过程

钢板在辊底式热处理炉内加热到 920℃，经过一段时间保温后，通过辊式淬火机进行淬火冷却，钢板温度迅速降到室温，测定钢板从 920℃到室温的连续淬火冷却过程中钢板心部温度变化。图 4-19 为在线温度测量实验装置。

4.3.4.3 实验结果

50mm 厚度的 Q690 钢板在不同水温下辊式淬火过程测试点 1 号和 2 号的温度变化曲线及瞬时冷却速度计算曲线如图 4-20 所示。

a   b

图 4-19　钢板辊式淬火过程温度测试实验

a—辊式淬火机；b—试验钢板入炉前照片

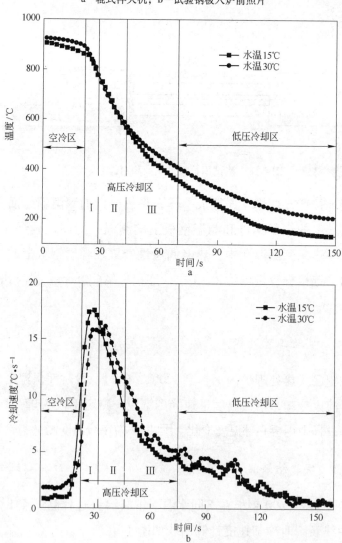

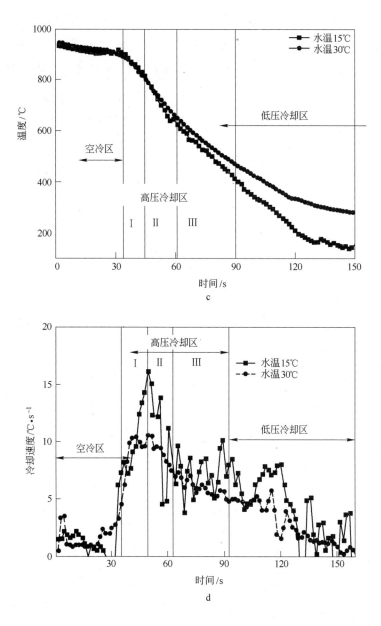

图 4-20 测试点温度曲线及瞬时冷却速度曲线

a—1 号测试点中心温度曲线；b—1 号测试点冷却速度曲线；

c—2 号测试点中心温度曲线；d—2 号测试点冷却速度曲线

图 4-20 中，Ⅰ、Ⅱ、Ⅲ代表辊式淬火机设备的三段高压冷却区，均配备了不同类型的高压射流喷嘴，具有不同的冷却强度。从图 4-20a 中可以看出，

不同温度下 1 号测试点的温度曲线在高压 I 区和 II 区基本重合，但在高压 III 区及低压淬火区，温度变化逐渐发生偏差，且差异越来越大。水温对高压 I 区和 II 区内钢板的冷却特性影响很小，随着钢板的继续运行，影响越来越大。从图 4-20b 中可以看出，心部冷速呈现先增大后减小的规律，水温为 15℃ 时，约 30s 后在高压 I、II 淬火区内心部瞬时冷速达到最大值 17.6℃/s。

2 号测试点的温度曲线和冷却速度曲线的趋势与 1 号测试点的结果是相似的，不同之处在于淬火开始时间，由于淬火过程工艺参数的波动等因素影响，最大冷却速度值有较小的差异。

4.3.5　表面综合换热系数计算结果

如图 4-21 所示，50mm 厚 Q690 钢板淬火时表面综合换热系数与钢板表面温度间呈现出非线性变化关系。在辊式淬火初始阶段，表面综合换热系数缓慢增加，变化不大，当钢板表面温度降低到 600℃ 时，表面换热系数逐渐变大，且增速逐渐变大，当温度降至 320℃ 时，达到峰值，约为 15000W/(m² · K)。当钢板表面温度继续下降时，换热系数呈下降趋势，直至冷却过程结束。

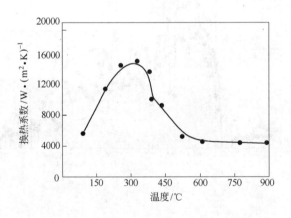

图 4-21　表面综合换热系数和表面温度的关系

换热系数之所以在整个淬冷过程中呈现由低到高再到低的变化特点，是因为换热系数要经历三个特点不同的阶段：膜态沸腾阶段、泡状沸腾阶段和对流阶段。在淬火的初始阶段，由于在钢板与冷却水之间温差较大，钢板表面冷却水被急剧加热汽化，形成一层薄的蒸汽膜，将钢板表面与冷却水隔离开，由于蒸汽的导热性较差，所以此时换热系数值较小。随着淬火时间增长，蒸汽膜被高压射流水打破，钢板与冷却水之间的换热逐渐增强，表面换热系数值迅速增大，并迅速达到最大值，在此阶段，由于蒸汽膜的完全破裂，钢板直接与冷却水接触，不断产生强烈沸腾，由于需要大量的汽化潜热，冷却速度达到最快，换热系数值较大。随着温度的降低，沸腾逐渐停止，开始对流换热阶段，冷速开始减小，换热系数值也逐渐降低。

4.4　薄规格板材均匀化辊式淬火技术及变形控制策略

薄规格板材均匀化淬火工艺技术是钢板淬火领域内的核心技术，具有重要的实用价值，但因其对淬火过程的冷却均匀性要求极高，冷却过程影响因素众多，对淬火设备结构参数及工艺参数非常敏感，淬火过程的板形控制难度很大。通过淬火工艺工业实验，直观分析薄规格板材淬火过程板形变化规律及良好板形的控制策略。系统开发出中厚板辊式淬火核心技术，解决了薄规格高强度中厚板淬火过程的板形控制以及较厚规格钢板冷却强度和组织均匀性控制等难题，开发出 4～10mm 极限薄规格中厚板的高平直度淬火工艺。

4.4.1　薄规格板材均匀性冷却过程的关键影响因素

相对于常规中厚板来说，薄规格板材淬火过程中高冷却强度较易实现，但在冷却均匀性方面要求极为苛刻。这里主要在淬火系统对称性结构、流量分布、淬火运行速度及钢板自身条件等方面分析对冷却均匀性的影响。

薄规格板材淬火后残余应力达到一定值时，钢板即出现失稳屈曲，按照板材的弹性屈曲理论，在理想弹性状态下，板材的临界屈曲应力为[93]：

$$\sigma_{cr} = \frac{KE\pi(t/b)^2}{12(1-\nu)^2}$$

式中　σ_{cr}——临界屈曲应力；

　　　K——临界屈曲应力系数；

　　　t——钢板厚度；

　　　b——钢板宽度；

　　　ν——材料泊松比。

从临界屈曲应力的计算公式可以看出，淬火钢板厚度越薄，宽度越宽，临界屈曲应力越小，越容易发生对冷却均匀性极为敏感的淬火变形。因此，薄规格宽幅钢板的辊式淬火板形控制过程是研究中厚板材淬火变形问题的难点。

4.4.1.1 淬火冷却系统结构对称性对均匀性冷却的影响

薄规格钢板对冷却系统的均匀性更为敏感，其中钢板上下表面的对称性冷却对板形有重要的影响。钢板淬火过程中的对称性冷却可以理解为两个方面，首先在单侧的冷却区域内的均匀冷却，考虑到钢板是连续式通过淬火区域，在单个喷嘴参数调整方面主要考虑钢板宽向的冷却均匀性；其次，淬火过程中保证钢板上下表面冷却区域内冷却强度的对称性。

单个喷嘴的机械参数调节主要有射流角度、缝隙宽度和喷嘴距钢板表面的位置参数，如图 4-22 所示。

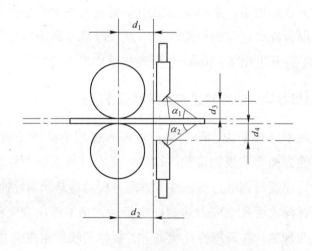

图 4-22 缝隙喷嘴位置参数

假设在理想的条件下，上下缝隙喷嘴水平度、狭缝开口度均匀一致、完全对称、上下缝隙到钢板上下表面的距离完全相等（辊缝完全等于钢板厚度）、上下水幕面与钢板表面形成的二面角完全相等。在喷射速度快、压力高的条件下，忽略重力对射流射线的影响，则上下缝隙喷嘴入射点应该是对称的，即钢板在同一个铅垂面上由于钢板薄，缝隙喷嘴水量大，淬透性强，即仅缝隙喷嘴就将钢板温度降至马氏体相变温度点以下。当上下淬火系统结构出现不对称时，先喷射到钢板上的水幕会造成单面淬透现象，宏观表现形式为淬火后钢板始终呈现头尾上翘或下扣，因此，不管如何极端设定控制喷嘴水量、水比和辊道速度参数，也无法改变超薄规格钢板淬火后板形的变化总趋势。

在实际过程中，要确保对称的距离参数及角度参数相等，而且要确保喷嘴沿钢板宽度方向的两侧均保持一致，即确保上下喷嘴喷射水线的三维对称精度。此外，淬火机辊道平直度控制和调节很重要，下部辊道应水平，钢板应沿中心线进行运动，上辊道的中心线应与下辊道的中心线在一条基准线上，不能发生偏移，特别要注意辊道正确找平，尤其是高压喷嘴区的辊道，否则钢板通过该区时极易发生变形而不能保持平整。

4.4.1.2　水量参数对冷却均匀性的影响

水量参数是满足低合金高强度钢板淬后组织和性能的重要工艺参数，也是保证薄规格钢板均匀性冷却的决定性因素。冷却水量对淬火冷却过程钢板表面换热系数有一定的影响。随着冷却水量的增加，钢板表面换热系数逐渐增加，达到一定水量后，水量增加对换热能力的提高效果不明显。

淬火过程的上下表面的水量比是板形宏观翘曲变形的决定因素。射流冲击换热过程钢板上表面受残留水影响，而下表面冷却水由于重力作用自然下落，故上下水量比小于 1，一般在 0.6 ~ 0.9。钢板在淬火过程中，若水量比设定小于实际需要的设定值时，钢板上表面冷却速度大于下表面，先行淬火的钢板头部略向下凹曲，产生向上的翘曲变形。变形量很大时，钢板头部的上翘将受到上排辊道的反作用力。随着淬火进程的继续，钢板出现向上的中凸翘曲变形，导致淬火后钢板上凸。

4.4.1.3　淬火运行速度对冷却均匀性的影响

钢板在辊式淬火机内的运行速度快慢，直接影响了钢板在高压冷却区的淬火时间，即出高压区的心部温度会发生显著变化，在一定程度上，对钢板的性能有较明显的影响。同时，淬火运行速度对淬后钢板板形也有一定的影响。淬火过程钢板上下表面水量设置有一定的比例关系，下水量大于上水量，尤其高压冷却区的水量比对板形的影响最为明显，当设定比例不合适时，辊速的减慢会扩大水量比对其板形的影响。辊速的降低，高压段的冷却时间增长，相当于增加了下表面的冷却强度，因此在板形控制过程中，辊速在某种程度上相当于水量比的影响。当钢板速度增加时，钢板在高压淬火区时间将减少。钢板高压区淬火时间减少将显著影响钢板上表面，导致钢板出现瓢曲变形。

4.4.1.4　钢板自身条件对均匀冷却的影响

钢板自身条件是指板温、板形、表面质量等，它们对钢板冷却均匀程度有着重要影响。

A　氧化铁皮对钢板表面对流换热的影响

如果钢板表面存在氧化铁皮，由于其与钢的导热系数不同，将降低水的冷却效果；氧化铁皮的不均匀分布，导致钢板不均匀冷却。钢板表面存在麻点或其他缺陷，也将对钢板的冷却均匀性带来不利影响。

在某种特定的淬火工况条件下，当钢板表面光滑时，钢板与冷却水之间的对流换热系数约为$15000W/(m^2 \cdot K)$，随着氧化铁皮厚度的增加，钢板表面综合对流换热系数呈急剧下降趋势，当氧化铁皮厚度为0.2mm左右时，表征钢板淬火过程热交换速率的对流换热系数降为$5000W/(m^2 \cdot K)$左右，仅为正常过程的1/3（图4-23）。可以看出，氧化铁皮对冷却过程影响比较明显，淬火钢板的氧化铁皮分布情况也就直接影响到冷却过程的均匀性。因此，为了保证薄规格钢板淬火过程的表面均匀性及上下表面的高度对称性，严格控

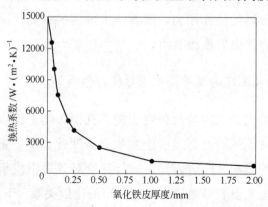

图4-23　氧化铁皮厚度和表面对流换热系数的关系

制氧化铁皮的含量是有必要的。有氧化铁皮的钢板淬火后的表面质量及板形如图 4-24 所示。

图 4-24　钢板表面质量及钢板板形照片

抛丸机的质量直接关系到抛丸后钢板的表面质量，若抛丸及清扫不彻底，将氧化铁皮带入炉内，很容易造成炉底辊结瘤，不仅划伤钢板表面，而且结瘤清理困难。因此抛丸质量的好坏是影响产品表面质量的关键因素之一。

B　淬火前钢板温度及板形对均匀性冷却的影响

淬火前板温的不均匀直接决定了淬火开始温度的差异，这点对薄板淬火过程尤为重要。一般来说同板温差需小于 5℃。如果淬火前钢板存在浪形和翘曲，都将会严重破坏钢板的均匀冷却，因为钢板不平必将引起冷却水分布不均匀。无论采用什么样的厚度和板形控制技术，所轧制产品总是要存在同板差和板凸度的。同板差的存在会引起板长方向和板厚方向的不均匀冷却；板凸度的存在会引起板宽方向和板厚方向的不均匀冷却。一般来说，钢板两边部存在有压应力，加上冷却不均匀引起的热应力和组织应力，就会诱发钢板变形。因此，尤其对薄规格钢板来说，要尽可能控制及消除轧制、抛丸等工艺过程板形的变化。

4.4.2　薄规格钢板辊式淬火过程变形数值模拟

钢板在辊式淬火过程中，忽略辊道对其的外力载荷，只受热载荷作用，钢板自身温度变化是其产生热应力应变的主要原因。钢板淬火过程引起翘曲变形的内在因素是相变、屈服应力和导热系数，其诱导因素是钢板的不均匀冷却。影响冷却均匀性的因素很多，钢板自身条件（钢板淬火前板形及表面质量）、冷却区长度、上下表面水量比等都会对钢板的变形产生不同程度的影响。

4.4.2.1 模型的建立

钢板冷却过程的模拟计算采用有限元工具软件 ABAQUS，利用直接耦合法模拟钢板冷却过程中应力、应变和变形量的变化。单元类型选为二维壳单元，定解边界条件为第三类边界条件，即冷却水的温度及钢板表面的对流换热系数已知，考虑换热系数为钢板表面温度、钢板宽度和长度的函数。在这个模型中，假定初始状态时钢板温度均匀为 900℃，冷却水温度设为 15℃，冷却区域固定，设置空间区域载荷，钢板以一定的速度通过冷却区域，即将上下热流量加载到钢板表面上。上下热流量为钢板表面温度、空间宽度和长度方向的函数。在这里，相变对钢板淬火过程变形的影响通过线膨胀系数随温度的变化来体现。有限元模型如图 4-25 所示。

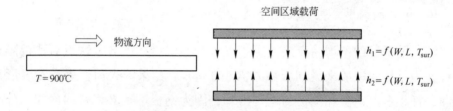

空间区域载荷

物流方向

$T = 900℃$

$h_1 = f(W, L, T_{sur})$

$h_2 = f(W, L, T_{sur})$

图 4-25 钢板辊式淬火有限元计算模型

4.4.2.2 边界条件和初始条件

为便于计算，作如下假设：

（1）认为淬火前钢板内部温度场均匀，即模拟计算所采用模型的初始温度均匀，这样可以直接设定所有节点的初始温度值。初始温度为 900℃。

（2）高温奥氏体化钢板的辊式淬火机内淬火冷却过程的换热包括钢板内部和外部的热传导、冷却水射流冲击强制对流、空气对流和热辐射，还有材料相变产生的相变潜热以及与辊道之间的热传导。有限元计算时将其他换热形式的影响归结于钢板与冷却水的对流换热，即仅以对流换热系数来表征钢板表面与冷却介质间的换热强度。

（3）考虑材料为理想弹塑性体[94]。

（4）空间区域载荷子程序二次开发。应用 Visual Fortran 语言，编制空间区域载荷子程序，钢板以一定的速度通过淬火冷却区，上下冷却区域的换热系数为钢板长度及钢板表面温度的函数。

4.4.2.3　上下表面冷却对称性对板形的影响

淬火过程的上下表面水量比是板形宏观翘曲变形的决定因素。为了模拟计算分析上下表面的冷却强度差异对钢板变形的影响规律，保持其他的淬火工艺参数不变，将上下表面换热系数设置成不同值，且上表面的换热系数大于下表面的换热系数值，比值 R 设定为（上表面换热系数 − 下表面换热系数）/下表面换热系数，分别计算 R 为 5%、7% 和 10% 时淬火后钢板头部宽度方向的翘曲变形量，计算结果如图 4-26 所示。其他的相关参数有钢板尺寸规格为 $20\text{mm} \times 2500\text{mm} \times 10000\text{mm}$，淬火前钢板温度均匀为 900℃，钢板运行速度为 0.1m/s，淬火后钢板温度为室温。

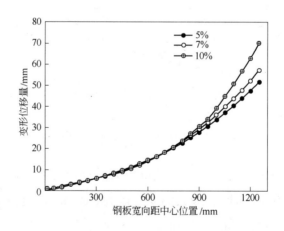

图 4-26　不同的上下表面换热系数比例下的淬火后钢板位移变化量

从计算结果可以看出，淬火过程中钢板上下表面换热系数存在偏差时，淬火钢板宽度方向发生翘曲变形，当偏差为 5% 时，最大的变形量为 51.77mm；当偏差值增加到 7% 时，最大的变形量为 57.43mm；当偏差值为 10% 时，最大的变形量为 70.03mm。可以看出，随着换热系数偏差的增大，钢板的宏观变形量增加。从计算结果曲线中可以观察，钢板沿宽度方向发生了简单的凸曲变形，从中心位置到钢板边部变形量逐渐增大，其中距边缘 450mm 范围内变形对换热系数偏差值的变化最为敏感。

4.4.2.4 淬火运行速度对板形的影响

为了分析辊道速度对淬火变形及内部应力的影响，对同样规格钢板施加同样的热力学边界条件，上下表面换热强度偏差值为 5%，分别以 0.3m/s 和 0.1m/s 两种运行速度淬火，淬火后的钢板变形情况如图 4-27 所示。

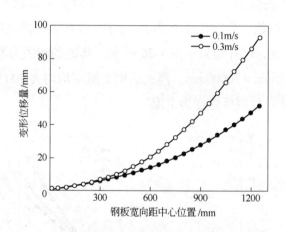

图 4-27　不同辊速下的淬火后钢板位移变化量

从图中可以看出，速度的增加使得淬火后钢板的变形量增大。例如，当辊道运行速度为 0.1m/s 时，最大的变形量为 51.7mm；而当辊道运行速度为 0.3m/s 时，最大的变形量为 93.1mm。

4.4.3　薄规格板材淬火变形的实验结果及其分析

薄规格钢板淬火后容易发生变形，变形种类主要由翘曲、中凸、浪形及不规则瓢曲等（图 4-28）。通常使用 1m 或者 2m 的钢板直尺，直尺侧立在钢板上（钢板直尺此时变形可以忽略），测量直尺下端与钢板之间的最大间距，即得到钢板平直度指标。对于中凸变形的钢板，原则上应将其翻转测量凹处的平直度值，在这里将凸变形的平直度指标定义为负值，用以和翘曲凹变形平直度测量结果在数值上进行区分。

a

b

c

d

图 4-28 淬火后薄钢板变形情况

a—翘曲凹变形；b—中凸变形；c—边浪；d—不规则瓢曲变形

为了验证辊式淬火数学模型模拟计算的钢板变形规律，对不同工艺参数下的薄板淬火变形情况进行了实验测试。

4.4.3.1 水量参数对板形的影响

为对比分析淬火系统上下水量参数对淬火钢板板形的影响规律，以 4100mm 辊式淬火机为例，选取同批次的相同规格相同成分的工程机械用 Q690D 钢板进行对比试验，辊道运行速度为 18m/min，保证上表面冷却的水流密度为 1.875m³/(min·m²)，通过调节下表面冷却水水流密度，测量淬火后钢板的平直度，结果如表4-1所示。

表4-1 不同水流密度下钢板淬火平直度测量结果

序号	规格（厚度×宽度）/mm×mm	水流密度/m³·(min·m²)⁻¹		辊道速度/m·min⁻¹	平直度/mm·m⁻¹
		上	下		
1	12×2600	1.875	1.875	18	16
2	12×2600	1.875	2.25	18	7
3	12×2600	1.875	2.5	18	4
4	12×2600	1.875	2.75	18	9

在特定的设备精度和工艺参数情况下，下表面水流密度为 $2.5m^3/(min \cdot m^2)$ 时，淬后平直度最小，板形最好。当下表面的水流密度增大或减小时，淬火钢板均发生变形，变化范围越大，变形越严重。当水流密度大于 $2.5m^3/(min \cdot m^2)$ 时，钢板发生翘曲凹变形，反之则发生中凸变形。这是由于钢板上表面冷却速度大于下表面时，先行淬火的钢板头部略向下凹曲，产生向上的翘曲变形。变形量很大时，钢板头部的上翘将受到上排辊道的反作用力。随着淬火进程的继续，钢板出现向上的中凸翘曲变形，导致淬火后钢板上凸。但是，水量参数的比值并不是一个固定值，一个水量比值不能满足所有不同水量条件下的冷却均匀性，须随着喷水流量的调节适当改变上下水量比值。当上表面水流密度增大时，上下表面的换热除了受冲击速度的影响外，还受到钢板上表面残留水冷却效果的影响，下表面的水流密度应该增加以补偿上表面水聚积造成的二次冷却。但是上下表面水流密度比值的调节一般在0.6~0.9范围内。

4.4:3.2 辊道速度对淬火后板形的影响

为对比分析辊道运行速度对淬火钢板板形的影响规律，以4100mm辊式淬火机为例，选取同批次的相同规格相同成分的工程机械用Q690D钢板进行对比试验，保证上下表面冷却的水流密度分别为 $1.875m^3/(min \cdot m^2)$ 和 $2.25m^3/(min \cdot m^2)$ 不变，在 $10~30m/min$ 的范围内调整淬火钢板运行速度，测量淬火后钢板的平直度，结果如表4-2所示。

表4-2　不同辊速下钢板淬火平直度测量结果

序号	规格（厚度×宽度） /mm×mm	水流密度/m³·(min·m²)⁻¹		辊道速度 /m·min⁻¹	平直度 /mm·m⁻¹
		上	下		
1	12×2600	1.875	2.25	10	14
2	12×2600	1.875	2.25	12	12
3	12×2600	1.875	2.25	18	3
4	12×2600	1.875	2.25	24	9
5	12×2600	1.875	2.25	30	13

　　淬火钢板板形随辊道速度的变化规律如图4-29所示，在特定的设备精度和工艺参数情况下，辊道速度为18m/min时，淬后平直度最小，板形最好。当辊速增加时，淬火后钢板发生凸变形，平直度指标随之增大。当降低辊速时，淬后钢板发生凹变形，且变形量越来越大，当辊道速度降低到一定程度时，平直度指标趋于稳定，但是由于高强度冷却时间增加，扩大了其他因素造成冷却不对称的影响，淬后钢板出现了浪形或不规则的瓢曲变形。因此，选取合适的辊道运行速度不仅能满足淬火钢板的心部温度冷却速度要求，同时对防止淬火钢板变形有一定的作用。

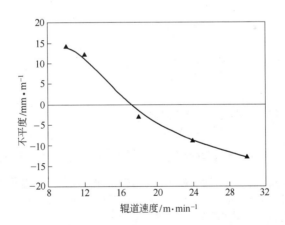

图4-29　淬火运行速度与淬火后板形的关系

4.4.4　薄规格板材淬火过程变形控制策略

4.4.4.1　关键设备结构参数对称性冷却技术

　　薄规格钢板对冷却系统的均匀性更为敏感。淬火系统的关键设备参数调节主要满足喷射水流对钢板上下表面的均匀对称冷却。这些参数主要有喷水射流角度的对称性、射流速度的稳定性和缝隙宽度的均匀性等。缝隙喷嘴的喷射角度在20°~30°，淬火机设计允许在正常角度为25°时有2°的偏差，满足在20°~30°范围内的要求。

假设在理想的条件下，上下缝隙喷嘴水平度、狭缝开口度均匀一致、完全对称、上下缝隙到钢板上下表面的距离完全相等（辊缝完全等于钢板厚度）、上下水幕面与钢板表面形成的二面角完全相等。在喷射速度快、压力高的条件下，忽略重力对射流射线的影响，则上下缝隙喷嘴入射点应该是对称的，即钢板在同一个铅垂面上[95]，见图4-30。

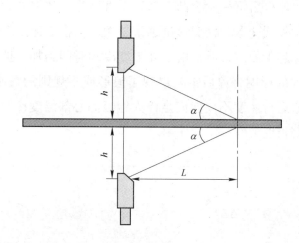

图4-30　上下缝隙喷嘴对称分布位置参数

在生产过程中，要确保对称的距离参数及角度参数相等，而且要确保喷嘴沿钢板宽度方向的两侧均保持一致，即确保上下喷嘴喷射水线的三维对称精度。

但在实际生产过程中，喷嘴的位置可能会发生变化，主要由两个原因造成，一是为了防止钢板淬火变形造成卡阻，一般会将上喷水系统提高 Δh；二是由于在生产过程中，上喷水系统可以根据淬火钢板厚度上下调节高度，会造成上喷嘴相对下喷嘴的安装精度发生位移变化，将垂直位移归结于 Δh 中，水平位移为 ΔS，这样，射流水冲击钢板上下表面的位置会存在水平距离 ΔL，如图4-31所示。ΔL 的计算公式为：

$$\Delta L = \Delta S + \frac{\Delta h + h}{\tan(\alpha + \Delta\alpha)} - \frac{h}{\tan\alpha} \tag{4-2}$$

式中　Δh——垂直偏差值；

　　　ΔS——水平偏差值；

　　　h——喷嘴与钢板表面距离；

　　　α——喷嘴射流与钢板表面夹角；

　　　$\Delta\alpha$——发生偏差后喷嘴射流线与钢板表面的夹角。

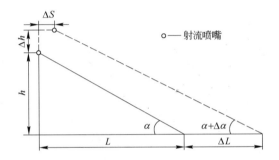

图 4-31　射流偏差示意图

　　为了保证钢板上下表面射流冲击冷却的对称、均匀、同步，保证钢板上下面相变的同步性，令 $\Delta L = 0$，则式（4-2）变为：

$$\Delta S + \frac{\Delta h + h}{\tan(\alpha + \Delta\alpha)} - \frac{h}{\tan\alpha} = 0 \tag{4-3}$$

　　式（4-3）中，ΔS 和 Δh 比较容易检测、校准，容易消除，令 ΔS 等于0，则式（4-3）变为：

$$\frac{\Delta h + h}{\tan(\alpha + \Delta\alpha)} = \frac{h}{\tan\alpha}$$

$$\Delta\alpha = \frac{180}{\pi}\arctan\left[\frac{(\Delta h + h)\tan\alpha}{h}\right] - \alpha$$

　　令 Δh 等于0，则式（4-3）变为：

$$\Delta S + \frac{h}{\tan(\alpha + \Delta\alpha)} = \frac{h}{\tan\alpha}$$

$$\Delta\alpha = \frac{180}{\pi}\arctan\left(\frac{h\tan\alpha}{h - \Delta S\tan\alpha}\right) - \dot{\alpha}$$

当 α 取 30°、$h = 20\text{mm}$ 时，可以获得射流角度偏差 $\Delta\alpha$ 分别与 Δh、ΔS 之间的关系曲线，如图 4-32 所示。

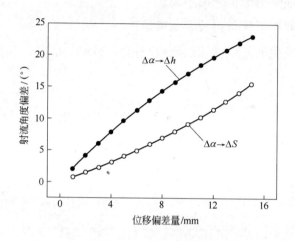

图 4-32　射流角度偏差 $\Delta\alpha$ 与喷嘴偏移量 Δh 和 ΔS 的关系

从图 4-32 中可以看出，考虑 Δh 和 ΔS 的存在，上喷嘴射流角度 α 在安装过程中可以考虑一定的正偏差，即可消除 Δh 和 ΔS 的存在造成的上下钢板表面冷却不同步现象。

4.4.4.2　工艺参数高精度调节及控制技术

淬火过程工艺参数的精度及响应速度是确保淬火系统稳定性的重要因素。其中水量参数是满足低合金高强度钢板淬后组织和性能的重要工艺参数，也是保证薄规格钢板均匀性冷却的决定性因素。水量参数的高精度调节及响应技术，采用了流量-压力双闭环控制和淬火参数动态监测，结合检测仪表和执行机构的快速响应，实现设定规程迅速执行和动态调节，保证了辊式淬火机准确、平稳运行。通过在淬火喷水系统增加旁通管路，采用 PID 控制器对水量参数进行快速高精度控制[96]，满足了辊式淬火机淬火工艺参数的控制精度及响应速度要求，见图 4-33。

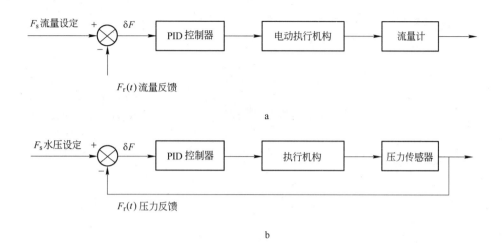

图 4-33　水量及水压 PID 控制器结构框图

a—水量 PID；b—水压 PID

4.5　辊式淬火机工艺自动控制系统的开发

系统开发出辊式淬火机工艺数学模型及中厚板大型现代化辊底式热处理线"一键式"工艺自动控制平台，构建中厚板热处理工艺数据库，实现了中厚板热处理工艺过程的自动化连续稳定生产。

根据中厚板热处理线高强度板材产品的淬火工艺开发需要，构建基础自动化和过程自动化两级控制系统，自主开发出中厚板辊式淬火机淬火工艺控制系统。同时，采用自主开发的数据通讯平台，实现系统数据交换。其配置及通讯情况说明如图 4-34 所示。

基础自动化采用 1 套 SIEMENS S7-400 PLC，主传动控制系统采用现场总线 PROFIBUS-DP 网实现。PLC 系统和人机操作界面（HMI）由工业以太网连接起来，用于满足淬火机的顺序控制、逻辑控制及设备控制功能。

4.5.1　基础自动化控制系统

基础自动化主要完成辊式淬火机的顺序控制、逻辑控制及设备控制功能，包括数据采集及处理、物料位置跟踪、阀组控制、辊道速度及提升机构控制等。

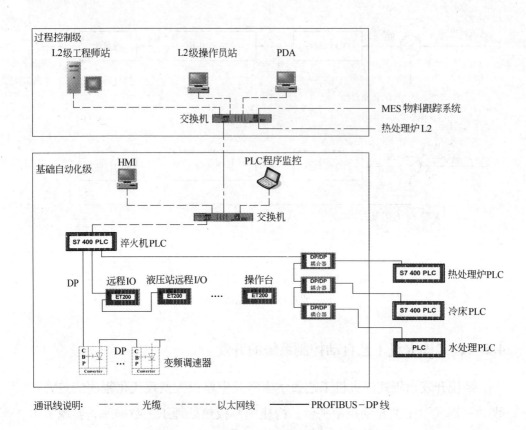

通讯线说明: ——·—— 光缆 ------- 以太网线 ———— PROFIBUS-DP线

图 4-34 辊式淬火机控制系统配置及通讯说明

（1）数据采集及处理：主要包括出炉板材温度、水温、水压及流量以及用于板材位置跟踪的金属检测器信号。经数据处理后，用于基础自动化及工艺过程模型调用。

（2）物料位置跟踪：是指从热处理炉保温段至淬火机机后输送辊道之间的板材位置的跟踪控制，目的在于实现辊式淬火机不同的淬火冷却模式。

（3）阀组控制：水量参数是影响淬火后板材板形和性能稳定性的最重要工艺参数，要求很高的控制精度和快的响应速度。对于辊式淬火机所特有的高度复杂性的流量调节过程，喷水系统的流量调节采用 PID 控制对多变的调节阀进行流量控制，如图 4-35 所示。

（4）辊道速度控制：是为满足淬火板材的淬硬层深度要求，根据淬火工艺所需的辊道运行速度，实现对淬火板材的速度控制及淬火模式控制。

（5）提升机构控制：提升机构控制的难点在于上移动框架液压多缸

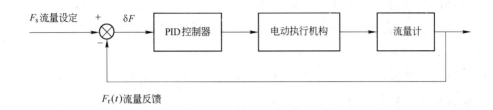

图 4-35　PID 控制器结构框图

（14 ~ 18 个液压缸）系统的快速（约 100mm/s）同步提升控制。为此，自主开发了一种液压多缸高精度快速同步控制系统。实际应用结果表明，快速提升平均速度达到约 110mm/s，同步误差小于 4%，较好地满足了上框架快速提升同步控制要求。

4.5.2　人机界面功能

人机界面由淬火操作控制主界面和监控界面组成，用于实现淬火操作及过程监控。操作控制主界面包含来料板材信息及淬火工艺参数设定接口，可实现工艺参数的手动设定、半自动和全自动设定。监控界面包括淬火过程的板材位置和重要工艺参数的监控显示，并配备有独立的水量参数、板材温度以及提升机构等监控界面，可实现对板材淬火过程中各工艺历史参数的数据跟踪及调用，为设备故障诊断提供参考信息。

4.5.3　工艺过程自动化控制系统

淬火工艺过程自动化系统用于工艺过程控制模型及模块的计算处理，实现淬火工艺参数的模型计算及设定，实现了中厚板辊式淬火机淬火过程的自动控制。根据热处理工艺需要，系统还开发有钢板淬火后组织性能预测模型。

4.5.3.1　工艺控制策略

A　组织性能控制

钢板淬火过程的两个重要工艺要素为临界淬火速度和马氏体转变温度。板材淬火淬硬层深度取决于钢的淬透性、截面尺寸、淬火介质冷却特性及淬火设备冷却能力。淬透性是钢的一种属性。在淬火介质确定的前提下，淬火设备的冷却能力是钢板淬火的重要外部条件，表现为钢板淬火过程的冷却速度。淬火过程由淬火介质与淬火钢板表面之间的热交换过程和从钢件内部向表面的热传导过程组成，前者是淬火介质从钢板表面将热量带走及热量在介质中向外扩散的过程，后者是热量从钢板内部向表面扩散的过程。因此，中厚板淬火工艺控制的策略在于根据钢板淬火工艺的冷却速度要求，设定淬火设备合理的工艺参数，从而保证钢板获得高的表面硬度和所需的淬硬层深度，这体现为根据淬火钢板的连续冷却转变（CCT）曲线，尽可能使钢板厚度方向所规定截面的冷速达到或大于钢的临界淬火速度，如图4-36所示。

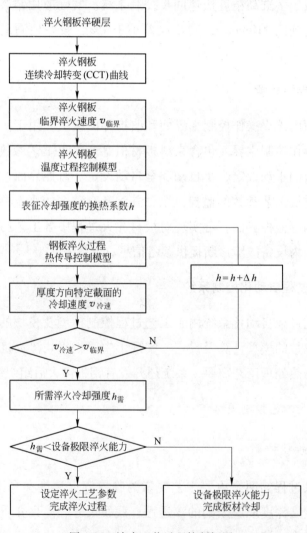

图4-36　淬火工艺过程控制框图

B 板形控制

淬火后板形的好坏是板材淬火冷却均匀与否的直接体现，也是淬火钢板热应力和组织应力等内应力综合作用的宏观表现，与钢的成分、尺寸、淬透性以及淬火介质和冷却方法等多种因素有关。辊式淬火机淬火过程的工艺参数影响因素有：水量参数（包括水压、流量以及上下水量比）、辊缝、辊道速度等。实际淬火过程的钢板变形是上述因素综合影响的结果，是非常复杂的过程。

通过分析中厚板辊式淬火过程的变形原理和板形缺陷的形成过程，开发出淬火过程的板形控制技术：（1）钢板宽向的流量分区控制技术，即通过对淬火系统流量分布的有效控制，实现淬火钢板宽向温度均匀性控制；（2）钢板厚度方向的对称性冷却控制技术，即通过对板材淬火条件下的流场和温度场耦合模拟，实现上下喷嘴水量比的精确控制；（3）高、低压淬火区连续淬火技术，即在保证淬火钢板获得大于临界淬火速度的高冷速条件下，通过合理的淬冷过程控制，降低钢板淬火内应力，减小钢板变形倾向。

4.5.3.2 主要控制模块功能

A 温度场模块

根据对中厚板辊式淬火机高低压连续淬火方式的研究，钢板淬火过程中温度过程控制的关键是依据板材钢种 CCT 曲线及淬透层深度要求，控制高压淬火区出口、低压淬火区入口之间的中间温度。为此，温度场模块的主要功能在于根据淬火系统冷却能力、淬火板材温度工艺控制要求，通过淬火过程的热传导控制方程及边界条件得到满足板材淬火性能要求的控制条件。

钢板淬火过程可概括为具有内热源的三维非稳态导热问题。笛卡儿坐标系下的导热微分方程为：

$$\rho(T)c_p(T)\frac{\partial T}{\partial t} = \frac{\partial}{\partial x}\left(\lambda(T)\frac{\partial T}{\partial x}\right) + \frac{\partial}{\partial y}\left(\lambda(T)\frac{\partial T}{\partial y}\right) + \frac{\partial}{\partial z}\left(\lambda(T)\frac{\partial T}{\partial z}\right) + \dot{\Phi}$$

式中　$\rho(T)$ ——钢板密度；

　　　$c_p(T)$ ——钢板比热容；

　　　$\lambda(T)$ ——钢板的热导率；

$\dot{\Phi}$——单位时间内单位体积中内热源的生成热，这里主要为相变潜热；

T——钢板温度；

t——时间；

x, y, z——笛卡儿坐标系的三个方向，分别代表钢板长度、宽度和厚度方向。

淬火过程导热问题的定解边界条件，采用第三类边界条件，即钢板与冷却介质的表面换热系数 h、冷却介质的温度 T_w 为已知，则边界条件为：

$z = 0$ 时
$$\frac{\partial T}{\partial z} = 0$$

$z = H/2$ 时
$$-\lambda(T)\frac{\partial T}{\partial z} = h(T - T_w)$$

式中　h——考虑辐射传热的综合对流换热系数；

　　　T_w——冷却介质温度，即水温。

采用完全隐式差分格式对上述导热微分方程及边界条件进行离散，结合板材淬火实测数据，通过温度场反算求得的淬火冷却系统的热交换系数，即可用于温度场模块。

B　水量设定计算模块

水量模块是根据板材淬火冷却程度要求，设定淬火冷却系统合理的水量工艺参数，包括水流量、水量比等。结合辊式淬火机淬火介质的工况参数，喷嘴出口的理论平均出口流速为：

$$\overline{v_B} = C\sqrt{2g\frac{p}{\gamma}}$$

式中　$\overline{v_B}$——喷嘴出口流速，m/s；

　　　C——管嘴的流量系数或流速系数，$C = 0.82$；

　　　p——高低压冷却水压力，Pa。

实际应用过程中，采用辊式淬火机各淬火区喷水系统水流量的实测数据，通过对喷嘴出口流速模型进行修正，可得到流速修正计算系数，进而用于实际流量设定。

C　运行速度模块

淬火过程的两个重要的工艺要素为临界冷却速度和马氏体转变温度，因此，钢板在辊式淬火机内进行淬火工艺处理时，经过高压段快速冷却后的中间温度控制是淬火后钢板具有良好性能的保证。在水量和水压等淬火工艺参数不变的情况下，辊式淬火机辊道运行速度决定了钢板的冷却速度和经过高压段的中间温度。

辊道运行速度计算模块基于淬火冷却过程温度场有限差分方程，根据不同钢种淬火工艺要素的要求，计算合理的钢板辊式淬火过程的运行速度，其计算框图如图 4-37 所示。

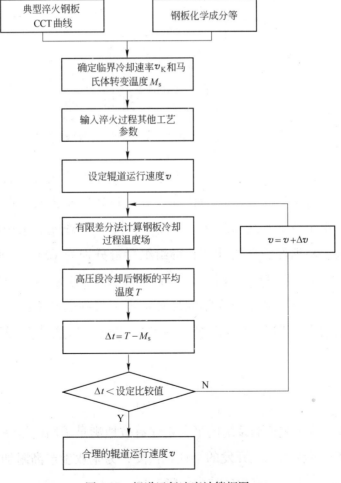

图 4-37　辊道运行速度计算框图

D 淬后组织预测模块

在设定的淬火工艺参数下，当钢板以一定的冷却速度完成了辊式淬火机内的淬火过程时，根据此淬火冷却速度，组织性能预测模型计算淬火后的组织成分及其力学性能。淬火工艺组织性能预测模型计算框图如图 4-38 所示。

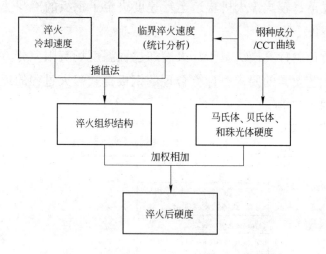

图 4-38 淬火工艺组织性能预测模型计算框图

淬火后钢板的组织预测模型主要是在大量 CCT 曲线数据的基础上，通过多因素回归分析，建立由钢的化学成分和热处理参数来计算临界冷却速度、淬火后组织成分和纯马氏体、贝氏体和铁素体-珠光体组织的淬火硬度的经验公式。根据经验公式计算获得组织含量分别为 100%、90%、50%、10% 和 0% 马氏体、贝氏体及铁素体-珠光体组织所需的各临界冷却速度值，再根据插值法计算得到钢板在不同冷却速度下得到的各组织含量。淬火后混合组织的硬度根据各个结构组织的硬度加权相加法计算得到，计算公式为：

$$HV = \frac{HV_M A_M + HV_B A_B + HV_{F-P} A_{F-P}}{100}$$

整套淬火机工艺控制系统的平台搭建有效地满足了国内钢铁企业高等级调质板材产品的淬火工艺开发的个性化需要，为企业生产高附加值产品，抢占市场制高点提供了强有力的技术保障。

4.6 中厚板辊式淬火技术的现场应用

依托开发的中厚板辊式淬火技术，东北大学开发了具有国内自主知识产权的辊式淬火机设备，并开发出 4~10mm 极限薄规格中厚板的高平直度淬火工艺，突破了进口辊式淬火机生产钢板厚度的下限，在国内率先开发出系列高等级中厚板热处理工艺及高品质产品，产品实物质量达到国际领先水平或国际先进水平。图 4-39 为东北大学开发的部分辊式淬火机设备照片。

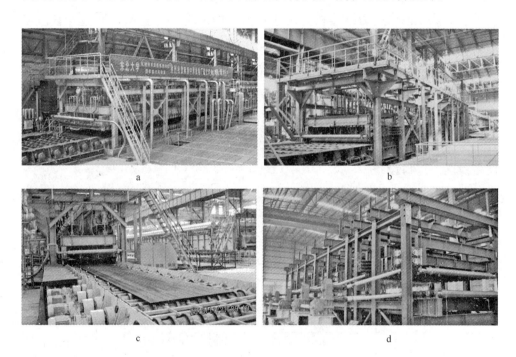

图 4-39　东北大学自主研发的中厚板辊式淬火机设备图片（部分）

a—南钢 3500mm 中厚板辊式淬火机；b—新钢 3800mm 中厚板辊式淬火机；

c—华菱涟钢 2250mm 板带材辊式淬火机；d—宝钢 4200mm 中厚板辊式淬火机（预装照片）

4.6.1　中厚板辊式淬火机设备技术参数

东北大学研发的中厚板辊式淬火机设备布置在热处理炉后，由喷水系统、供水系统、移动框架、辊道传动系统、液压提升系统、润滑系统、固定钢结构组成。配备的独立水处理系统可实现板材冷却用水的稳定供给，并保证水质要求。考虑到钢板材质和冷却路径的多样化，冷却设备分为高压段和低压段，各段喷嘴上下对称布置。高压段喷嘴分三种，分别为狭缝式喷嘴、密集快冷喷嘴和常规喷嘴。狭缝式喷嘴是倾斜式缝隙喷嘴，通过强冷迅速降低钢板温度。两组密集快冷喷嘴布置在狭缝式喷嘴后，为倾斜式三联排孔隙喷嘴，冷却能力仅次于狭缝式喷嘴。常规喷嘴分成六组，布置在密集快冷喷嘴后。常规喷嘴为单道倾斜孔隙喷嘴，冷却能力在高压段中最小。低压段喷嘴分成两组（套）或三组（套），布置在高压段后。单个喷嘴喷水方式是多孔多角度喷射。低压段作用为继续相对慢速降低钢板温度，防止钢板回温。各段喷嘴内均设阻尼装置，使各孔隙（或缝隙）喷水均匀。淬火机提升装置带动上框架上下运动，实现辊缝调节功能。淬火系统上框架快速提升由液压系统实现。淬火机辊道采用集中链式传动，使冷却过程中钢板速度均一。低压段辊道设摆动功能。在淬火机两端安装位置检测装置、测温装置和尾部吹扫装置[97]。表4-3为典型辊式淬火机设备的主要参数，其中包括国内自主研发的设备及国外进口设备。

表4-3　典型辊式淬火机主要设备参数

淬火机应用单位		南钢中厚板卷厂（东北大学自主研发）	宝钢罗泾厚板厂（东北大学自主研发）	武钢中板厂（进口设备）	宝钢宽厚板厂（进口设备）
钢板尺寸	厚度/mm	4～80	5～120	10～50	5～100
	宽度/mm	1600～3250	1300～4100	1600～2500	900～4800
	长度/mm	6000～15000	3000～26000	2400～12000	3000～26000
高压段	水量/$m^3 \cdot h^{-1}$	4000	6500	2160	5400
	水压/MPa	0.8	0.8（最大1.0）	最大0.8	0.8
	长度/mm	3330	4730	3200	3330
低压段	水量/$m^3 \cdot h^{-1}$	4000	6500	2160	9000
	水压/MPa	0.4	0.4	最大0.8	0.4
	长度/mm	14144	19812	9000	19310
淬火速度范围/$m \cdot min^{-1}$		0.5～60	0.5～60	3～30	0.5～40

4.6.2　淬火钢板品种及规格

以南京钢铁公司3500mm中厚板辊式淬火机项目为例，依托该设备及辊式淬火工艺技术，开发并连续稳定生产的热处理产品品种及规格如表4-4所示。

表4-4 调质产品品种及规格

序号	品　种	代 表 钢 号	规格/mm × mm × mm
1	石油储罐用钢	N610E、SPV490Q	(6~60) × 2440 × (6000~15000)
2	高强度钢（结构钢、船用钢、海工钢）	Q550D/E、Q690D/E、Q890D/E、Q960D/E、Q1100D/E	(5~60) × (2000~3250) × (6000~15000)
3	耐磨钢	NM360、NM400、NM450、NM500、NM550、NM600	(5~60) × (2000~3250) × (6000~15000)
4	水电、球罐用钢	07MnNiDR、07MnNiCrMoVDR	(6~60) × (1600~3200) × (3000~15000)
5	Ni系超低温容器钢	9Ni(06Ni9)	(6~40) × 3000 × (6000~15000)

4.6.3 淬火后钢板性能指标

4.6.3.1 调质钢板力学性能

基于中厚板辊式淬火机及辊式淬火技术，研发了系列厚度的Q960级工程机械钢板，批量化生产的钢板力学性能优异且稳定性好，调质处理后相关性能值如表4-5所示。可以看出，所有指标均达到或优于国家标准。

表4-5 调质处理后Q960钢板力学性能

试样序号	厚度/mm	拉 伸 实 验			冲击试验(−20℃)/J·cm⁻²			
		屈服强度/MPa	抗拉强度/MPa	伸长率/%	A_{KV1}	A_{KV2}	A_{KV3}	平均值
1	5	970	1010	16.5	64	64	62	63
2	8	990	1030	15.5	74	69	69	71
3	10	985	1020	15	94	81	131	102
4	14	975	1020	17.5	83	70	121	91
5	30	960	1000	15	69	96	90	85
6	40	970	1010	14.5	78	74	80	77
国　标		980~1150	—	≥10	≥27			

4.6.3.2 表面硬度均匀性分析

选取耐磨钢板NM450作为测试钢板，其尺寸规格为50mm × 2500mm ×

8500mm，测量时，对测试表面进行打磨、抛光处理，表面粗糙度 Ra 达到 1.6μm 以下，应用手持硬度计对表面 15 个均匀分布的位置进行测试，每个位置取 6 个测量值，测试点位置见图 4-40。

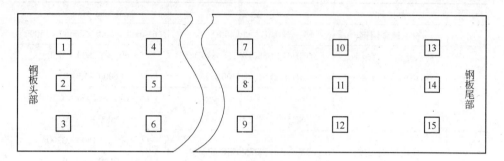

图 4-40　测试点位置示意图

图 4-41 为淬火钢板表面硬度测量结果。可以看出，钢板长度方向两侧测试点 3、7、12 处和钢板尾部中间位置测试点 14 处硬度值较大，钢板头部中间位置测试点 2 处硬度值最小，测试点平均值相对偏差为 5.13%。测试结果说明，淬火后钢板表面硬度均匀性较好。

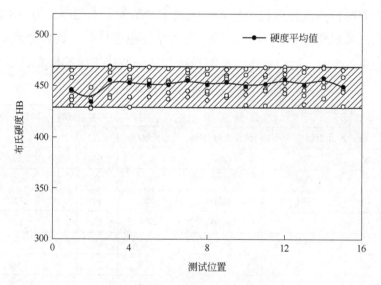

图 4-41　淬火钢板表面硬度测量值

4.6.3.3　厚度方向组织及硬度均匀性

以某中厚板厂 45mm 厚度的 NM450 耐磨钢板为例，经过辊式淬火后 J板表面、1/4 处及心部组织如图 4-42 所示，其中在钢板表面和 1/4 处，淬火后得到了呈一定规则分布的板条马氏体组织，而在钢板心部主要由马氏体及粒状贝氏体组成。

a

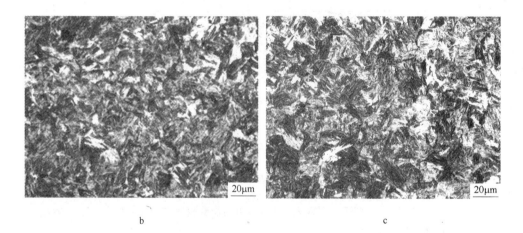

b   c

图 4-42   淬火钢板组织金相照片（500 ×）
a—表面；b—1/4 处；c—心部

对其进行淬火后钢板厚度方向硬度分布测试。测试点在 1/2 板厚内每隔 1mm 平均分布，如图 4-43 所示。测试的硬度结果见图 4-44。结果表明，淬火后的钢板从表面到中心，硬度下降，中心处最低硬度约为 420HB。最大差值为 30HB，相对偏差小于 7%。测试结果说明，淬火后钢板厚度方向硬度均匀性较好。

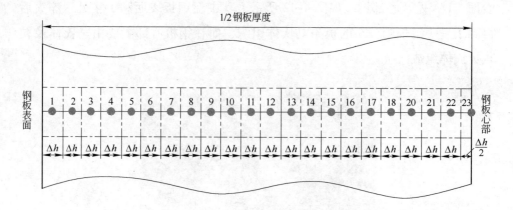

图 4-43　厚度方向测试点位置示意图

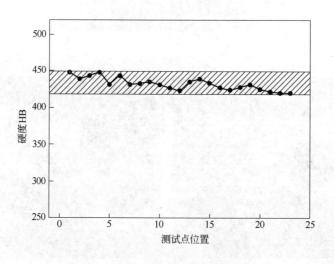

图 4-44　淬火钢板厚度方向硬度测量值

4.6.3.4　距表面同深度处硬度均匀性测试

为了测试距钢板表面同深度处的硬度分布情况，选取实验钢种为 Q550D-QT，钢板规格为 50mm×2500mm×8500mm，按图 4-45 中表明的位置选取 20 个测试点，测量淬火后钢板厚度方向 1/2 处硬度分布情况。

测试结果如图 4-46 所示，可以看出硬度最大值为布氏硬度 256HB，硬度最小值为布氏硬度 242HB，厚度方向 1/2 处硬度最大偏差为 5.47%。测试结果说明，淬火后钢板 1/2 深度处硬度均匀性较好。

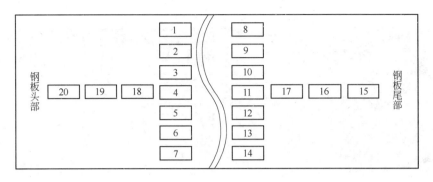

图 4-45 距表面同深度处测试点位置示意图

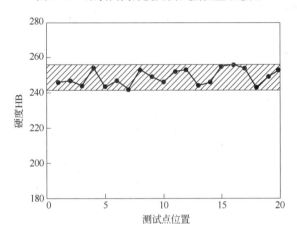

图 4-46 淬火钢板厚度方向 1/2 深度处硬度测量值

4.6.4 淬火后钢板板形控制结果平直度

图 4-47 为经辊式淬火机淬火后部分薄规格钢板的生产实物照片。

a   b

c   d

图 4-47　淬火后薄规格钢板实物照片

a—4mm×1650mm×9600mm Q960；b—6mm×2800mm×10000mm Q1100；

c—6mm×1500mm×9600mm Q960；d—10mm×3250mm×10000mm 9Ni

　　对部分薄规格板材淬后平直度进行测量。分别对板材长度方向和宽度方向进行测量并记录。实测淬后板材平直度与考核指标的对比情况如表 4-6 所示。

表 4-6　实测淬后板材平直度与考核性能指标对比

厚度 /mm	实测淬后钢板平直度/mm·m^{-1}						考核指标 /mm·m^{-1}	国外引进先进设备水平
	序号	钢　种	宽度方向		长度方向			
6	1	Q690E-QT	7	3.5	1.8	2.0	6≤H<10 ≤8	不能生产
	2	NM360	6.5	2.7	4.2	1.5		
	3	Q690D-QT	4	2	2	2		
	4	NM400	3	3	4	1		
8	1	Q890	4	1.8	4	1.1		
	2	Q890	1.7	7	1.35	3.7		
	3	Q690D-QT	5	0.2	1.8	1.2		
	4	NM400	3	5	1.5	2.4		
10	1	Q690E-QT	5.0	1.6	1.5	0.2	10≤H<15 ≤7	基本不能生产
	2	Q690D-QT	4.2	0.8	0.16	0.1		
	3	Q550D-QT	4.0	0.7	1.9	0.3		
	4	NM400	5.6	1.5	3.1	0.9		

厚度/mm	实测淬后钢板平直度/mm·m⁻¹					考核指标/mm·m⁻¹	国外引进先进设备水平
	序号	钢　种	宽度方向		长度方向		
12	1	Q690E-QT	1.7	2.0	1.7	2.2	10≤H<15 ≤7	很难满足考核指标
	2	Q550D-QT	2.5	1.6	1.0	1.4		
	3	12MnNiVR	3.5	1.4	1.2	1.0		
15	1	Q690E-QT	0.8	0.8	1.3	2.5	15≤H<20 ≤6	满足考核指标
	2	NM400	0.5	0.8	1.0	2.3		
20	1	NM450	0.4	0.15	0.3	0.3	20≤H<30 ≤5	满足考核指标
	2	NM360	0.06	0.25	0.3	0.3		

参考文献

[1] 李林虎. 中厚板生产现状及市场需求趋势分析[J]. 河北冶金, 2005(5): 11~13.

[2] 李永强, 单传东, 李海明, 等. 我国中厚板生产技术的进步[J]. 山东冶金, 2012(1): 5~8.

[3] 孙决定. 2010年我国中厚板生产经营状况述评[J]. 中国钢铁业, 2011(4): 14~18.

[4] 周建男. 我国中厚板生产工艺装备技术的进步[J]. 山东冶金, 2009(3): 4~6.

[5] 田莉. 我国中厚板生产状况及发展趋势[J]. 中国钢铁业, 2007(2): 30~34.

[6] 孙浩, 陈启祥, 刘春荣. 我国中厚板生产技术改造和发展探讨[J]. 钢铁, 2005(3): 52~55.

[7] 杨固川. 中厚板生产设备概述[J]. 轧钢, 2004(1): 38~41.

[8] 李世俊. 中国钢铁工业产能增长情况及发展态势[J]. 冶金管理, 2005(7): 14~18.

[9] 李世俊. 钢铁行业节能减排现状目标和工作思路[J]. 中国钢铁业, 2007(3): 12~17.

[10] 孙浩, 陈启祥, 刘春荣. 我国中厚板生产技术改造和发展探讨[J]. 钢铁, 2005(3): 52~55.

[11] 杨固川, 江浩. 国产3000中厚板轧机概述及技术展望[J]. 冶金设备, 2006(4): 45~50.

[12] 刘志兴. 我国钢铁工业"十二五"发展思路及建议[J]. 中国工程咨询, 2011(6): 62~64.

[13] 周维富. "十二五"时期我国钢铁工业结构调整政策导向分析[J]. 中国经贸导刊, 2011(7): 31~32.

[14] 邵正伟. 中厚板热处理工艺与设备发展趋势[J]. 轧钢, 2006(4): 37~39.

[15] 邵正伟. 国内中厚板热处理工艺与设备发展现状及展望[J]. 山东冶金, 2006(3): 11~15.

[16] 胡元祥, 于世果. 国内中厚板热处理设备概况[J]. 重型机械科技, 2007(1): 47~50.

[17] 陈鸿复. 冶金炉热工与构造[M]. 北京: 冶金工业出版社, 1990: 234.

[18] 魏军广. 辊底式炉在中厚板热处理中的应用[J]. 工业炉, 2008, 30(5): 32~34.

[19] 刘力, 姜洪生, 马轲菲. 厚板热处理工艺与设备浅析[C]//中国金属学会. 第七届 (2009)中国钢铁年会论文集(中). 北京: 冶金工业出版社, 2009: 281~283.

[20] 蔡金标, 宋耀华. 武钢轧板厂现代化中厚板热处理机组及其使用效果[J]. 武钢技术, 1997, 35(11): 30~35.

[21] 沈继刚, 李宏图. 轧后直接淬火技术在高强度中厚板生产中的应用[J]. 钢铁技术, 2010

(5)：10 ~ 13.

[22] 朱伏先，肖桂枝，陈炳张，等. 直接淬火技术在中厚钢板生产中的工业应用[J]. 钢铁研究学报，2010(7)：1 ~ 5.

[23] 小松原望，渡边征一，邹有武. 钢板的直接淬火回火法[J]. 国外金属热处理，1985(6)：26 ~ 31.

[24] Fujibayashi A, Omata K. JFE Steel's advanced manufacturing technologies for high performance steel plates[J]. JFE Technical Report, 2005(5)：10 ~ 15.

[25] Nishida S, Matsuoka T, Wada T. Technology and products of JFE steel's three plate mills[J]. JFE Technical Report, 2005(5)：1 ~ 9.

[26] Shikanai N, Mitao S, Endo S. Recent development in microstructural control technologies through the thermo-mechanical control process (TMCP) with JFE Steel's high-performance plates[J]. JFE Technical Report, 2008(11)：1 ~ 6.

[27] 董丽华，于有冬，刘静波. 中厚板在线控制冷却与淬火技术概述[J]. 一重技术，1998(4)：13 ~ 14.

[28] 王国栋. 以超快速冷却为核心的新一代 TMCP 技术[J]. 上海金属，2008(2)：1 ~ 5.

[29] 王国栋. 新一代 TMCP 的实践和工业应用举例[J]. 上海金属，2008(3)：1 ~ 4.

[30] 王有江，王慧，王治成，等. 一种新型燃烧时序控制[J]. 工业加热，1994(5)：25 ~ 28.

[31] 涂建华，陈福连. 自激式层燃脉冲锅炉的开发研究[J]. 动力工程，2003，23(4)：2530 ~ 2533.

[32] 张燕连. 脉冲燃烧控制技术的应用实践[J]. 现代冶金，2009，37(3)：4 ~ 7.

[33] 武立云，林铁莉. 脉冲/比例调节调温高速燃烧系统[J]. 工业加热，1997(5)：11 ~ 14.

[34] Keller J O, Bramlette T T, Dec J E, et al. Pulse combustion：the importance of characteristic times[J]. Combustion and Flame, 1989, 75(1)：33 ~ 44.

[35] Keller J O, Bramlette T T, Westbrook C K, et al. Pulse combustion：the quantification of characteristic times[J]. Combustion and Flame, 1990, 79(2)：151 ~ 161.

[36] 荣莉. 基于脉冲点火时序控制的加热炉新型燃烧控制方法的研究[D]. 沈阳：东北大学，2000.

[37] 有祥武，荣莉，马庆云，等. 时序脉冲燃烧控制系统在北台厂退火炉上的应用[J]. 冶金自动化，1999(6)：24 ~ 28.

[38] 王锦标，方崇智. 过程计算机控制[M]. 北京：清华大学出版社，1992：200.

[39] 赵建新. 脉冲式热处理炉设计及热工特性研究[D]. 沈阳：东北大学，2008.

[40] 蔡乔方. 加热炉[M]. 北京: 冶金工业出版社, 2007: 195~252.

[41] 陈海耿. 计算传热学在控制算法研究中的应用[J]. 东北大学学报(自然科学版), 2002, 23(3): 273~276.

[42] 王昭东, 袁国, 王国栋, 等. 热带钢超快速冷却条件下的对流换热系数研究[J]. 钢铁, 2006, 41(7): 54~56.

[43] 袁国, 于明, 王国栋, 等. 热轧带钢超快速冷却过程的换热分析[J]. 东北大学学报, 2006, 27(4): 406~409.

[44] 顾剑锋, 潘健生, 胡明娟. 淬火冷却过程中表面综合换热系数的反传热分析[J]. 上海交通大学学报, 1998, 32(2): 19~22.

[45] 陈智杰, 姜泽毅, 张欣欣, 等. 环形加热炉管坯二维传热数学模型采用总括热吸收率法的探讨[J]. 工业加热, 2006, 35(2): 33~35.

[46] 安月明, 温治. 连续加热炉优化控制目标函数的研究进展[J]. 冶金能源, 2007, 26(2): 55~57.

[47] 陈永, 陈海耿. 炉子优化控制中真实目标函数的研究[J]. 钢铁, 1999, 34(9): 50~53.

[48] [苏]马科夫斯基. 加热炉控制算法[M]. 北京: 冶金工业出版社, 1985.

[49] Hutchison J P, Passano S T. Control of Lukens plate mill reheat furnaces at conshohcken[J]. Iron and Steel Engineer, 1990, 67(8): 29~32.

[50] 尉士民, 杨泽宽. 加热炉少氧化优化控制数学模型的研究[J]. 工业炉, 1991(2): 6~12.

[51] 陈海耿. 泛函分析在炉子最优控制中的应用[J]. 东北大学学报(自然科学版), 1995, 16(4): 434~437.

[52] 邓聚龙. 灰色系统基本方法(汉英对照)[M]. 武汉: 华中科技大学出版社, 2005: 74~100, 160~170.

[53] 陶文铨. 传热学[M]. 西安: 西北工业大学出版社, 2006: 38~40, 216~227.

[54] 朱启建, 李谋渭, 金永春. 中厚板高密度管层流无约束淬火与控冷的关键技术[J]. 钢铁, 2003(3): 29~33.

[55] 朱启建, 赵永忠, 李谋渭. 中厚板淬火机集管流场的数值模拟与参数优化设计[J]. 冶金设备, 2001, 129(5): 35~37.

[56] 朱启建, 李谋渭, 金永春, 等. 基于喷水强度均匀分布的多级阻尼集管设计[J]. 北京科技大学学报, 25(5): 469~472.

[57] 牛珏, 温治, 王俊升. 中厚板无约束淬火冷却过程温度场有限元模拟[J]. 热加工工艺, 2006, 35(22): 66~70.

[58] 牛珏，温治，王俊升. 圆形喷口紊流冲击射流流动与传热过程数值模拟[J]. 冶金能源，2007，26(1)：16~20.

[59] 周娜. 中厚板冷却过程特性分析及控制策略研究[D]. 沈阳：东北大学，2008.

[60] 周娜，于明，吴迪，等. 圆形喷嘴射流对钢板冷却的数值模拟[J]. 轧钢，2008(2)：7~10.

[61] 刘国勇，李谋渭，王邦文. 常压柱状流与喷射流在中厚板控冷及淬火中冷却能力研究[J]. 冶金设备，2005(5)：10~13.

[62] 刘国勇，李谋渭，王邦文，等. 缝隙冲击射流换热数值模拟[J]. 北京科技大学学报，2006(6)：581~586.

[63] 刘国勇，朱冬梅，张少军，等. 缝隙冲击射流淬火对流换热的影响因素[J]. 北京科技大学学报，2009(5)：638~642.

[64] 朱冬梅. 缝隙流冷却特性分析[J]. 冶金能源，2006(5)：34~37.

[65] 刘国勇，朱冬梅，张少军，等. 高温平板水雾冷却换热系数的数值分析[J]. 钢铁研究学报，2009(12)：24~27.

[66] Prince R F, Fletcher A J. Determination of surface heat-transfer coefficients during quenching of steel plates[J]. Metals Technology, 1980(3): 203~211.

[67] 刘庚申. 中厚钢板在压力淬火机中冷却模型的研究[D]. 北京：北京科技大学，1997.

[68] Beck J V. Nonlinear estimation applied to the nonlinear inverse problem of heat conduction problem[J]. International Jounal of Heat and Mass Transfer, 1970(13): 703~716.

[69] Sikdar S, Mukhopadhyay A. Numerical determination of heat transfer coefficient for boilingphenomenon at runout table of hot strip mill[J]. Ironmaking and Steelmaking[J]. 2004, 31(6): 495~502.

[70] Zumbrunnen D A, Viskanta R, Incropera F P. The effect of surface motion on forcedconvection film boiling heat transfer[J]. Transactions of the ASME, 1989, 111: 760~766.

[71] Guo R M. Heat transfer of laminar flow cooling during strip acceleration on hot strip millrunout tables[J]. Transaction of The ISS, 1993(8): 49~59.

[72] 小飒工作室. 最新经典 ANSYS 及 Workbench 教程[M]. 北京：电子工业出版社，2004：509~520.

[73] Костлков В В, Воробей С А, Меде ков А А, 等. 对 1700 轧机带钢和带卷冷却新装置效果的研究[J]. 国外钢铁，1994(6)：48~52.

[74] 余常昭. 紊动射流[M]. 北京：高等教育出版社，1993：162~189.

[75] 陈庆光，徐忠，吴玉林，等. 平面倾斜冲击射流场的数值模拟[J]. 工程热物理学报，

2005，26（2）：237～239.

［76］ Chiriac V A，Ortega A A. Numerical study of the unsteady flow and heat transfer in a transitional confined slot jet impinging on a isothermal surface［J］. International Journal of Heat and Mass Transfer，2002，45：1237～1248.

［77］ Albert Y Tong. On the impingement heat transfer of an oblique free surface plane jet［J］. International Journal of Heat and Mass Transfer，2003，46（11）：2077～2085.

［78］ 李东生. 平面射流流场的数值模拟与实验研究［D］. 沈阳：东北大学，2000.

［79］ 陶文铨，杨世铭. 传热学［M］. 北京：高等教育出版社，1998.

［80］ 赵镇南. 传热学［M］. 北京：高等教育出版社，2002.

［81］ 徐惊雷，徐忠，肖敏，等. 冲击射流的研究概述［J］. 力学与实践，1999（6）：8～17.

［82］ 冷浩，郭烈锦，张西民，等. 圆形自由表面水射流冲击换热特性［J］. 化工学报，2003（11）：1510～1512.

［83］ Tong A Y. On the impingement heat transfer of an obique free surface plane jet［J］. International Journal of Heat and Mass Transfer，2003，46（11）：2077～2085.

［84］ 李得玉. 回流和冲击射流流动中流动过程和热过程相互作用的研究［D］. 北京：清华大学，1997.

［85］ 马重芳. 强化传热［M］. 北京：科学出版社，1990.

［86］ 王致清. 粘性流体动力学［M］. 哈尔滨：哈尔滨工业大学出版社，1990.

［87］ 张洪生. FC-72 射流冲击冷却模拟电子芯片的沸腾传热实验研究［D］. 北京：北京工业大学，1997.

［88］ Chen S J，Biswas S K，Han B，et al. Modeling and analysis of controlled cooling for hot moving metal plates，Dallas，TX，USA，1990［C］. Publ by ASME，1990.

［89］ 程赫明，王洪纲. 圆柱体 45 钢淬火过程中热传导方程逆问题的求解［J］. 昆明理工大学学报，1996（3）：54～58.

［90］ 程赫明，王洪纲，陈铁力. 45 钢淬火过程中热传导方程逆问题求解［J］. 金属学报，1997（5）：467～472.

［91］ 程赫明，何天淳，黄协清，等. 高压气体淬火过程中热传导方程逆问题的求解［J］. 金属热处理学报，2001（4）：81～84.

［92］ 谢建斌，程赫明，何天淳，等. 1045 钢淬火时温度场的数值模拟［J］. 甘肃工业大学学报，2003（4）：33～37.

［93］ Wang S C，Chiu F J，Ho T Y. Characteristics and prevention of thermomechanical controlled process plate deflection resulting from uneven cooling［J］. Materials Science and Technology，

1996，12(1)：64.

[94] Withers P J, Bhadeshia H K D H. Residual stress, Part 2-nature and origins[J]. Materials Science and Technology, 2001(17)：366~375.

[95] 盘国力，姜辉，杨兆根，等. 超薄规格钢板淬火的板型控制研究[J]. 宽厚板，2010 (6)：5~7.

[96] 王超. 宽厚板辊式淬火机淬火工艺控制系统的开发与应用[D]. 沈阳：东北大学，2007.

[97] 付天亮. 中厚板辊式淬火机冷却过程数学模型的研究及控制系统的建立[D]. 沈阳：东北大学，2012.